ぐっち夫婦の下味冷凍で毎日すぐできごはん

冷凍常備肉料理

|雞|豬|牛|魚|

調味、醃漬、冷凍
15分鐘輕鬆上菜！

穀匙（Gucci）夫婦／著　蔡麗蓉／譯

透過醃漬冷凍，縮短料理時間！

Introduction 前言

大家好，我們是 SHINO & Tatsuya 夫婦 ^^。

感謝大家從眾多書籍中，選擇了這本！本書是從 Tatsuya 與 SHINO 夫婦的角度介紹食譜，希望能讓大家的日常料理變得更輕鬆。

先生：「我相信很多人都聽說過『冷凍常備料理』，卻從未嘗試過。」
妻子：「一旦你試過之後，你就會被它的簡便性所吸引 ^^。」

只要有冷凍常備肉料理，你就不用太擔心「今天的配菜要煮什麼？」而且大部分都是可以在冷凍的狀態下直接烹調。所以就算在很晚到家的日子，你還是可以「先取出冷凍常備料理出來烹煮」，而不會手忙腳亂。

先生：「準備起來很容易。只要將調味料和食材放入冷凍保鮮袋中搓揉一下就能備妥。」
妻子：「你說的沒錯，優點就是做起來很容易。」

舉例來說，大家可能會購買大量的豬肉片，再將沒煮完的部分冷凍起來，或是因為價格便宜而將大量鮭魚買回家。

先生：「這時會很希望，能夠順便做好一餐份的料理保存起來。」
妻子：「冷凍常備肉料理的美味度比冷藏保存更持久，也不會浪費食材。」

不需要花時間醃漬，只要適量地預先準備好，就能輕鬆做出一頓飯。料理是每天都會做的事，所以希望大家能夠輕鬆地樂在其中。期待大家一定要一面翻閱本書，一面嘗試各種不同的口味 ^^。

先生：「如果大家能和家人一起從製作冷凍常備料理的過程中找到樂趣，那就更好了。」
妻子：「希望大家能和另一半及孩子一起動手準備，並且樂在其中。」

這是一本花點時間準備，就能輕鬆完成的美味食譜。

無論是在晚回家的日子、做便當的時候、想要喝一杯的夜晚，希望大家在端出料理時，你以及你的家人、你所愛的人都會滿臉笑容地說「好好吃喔！」

我是 Tatsuya

我是 SHINO

╲ 忙碌日子的救星 ╱
冷凍常備肉料理厲害的地方！

本書所介紹的冷凍常備肉料理，是將肉類或是海鮮與調味料一起放入冷凍保鮮袋中，預先調味後再冷凍起來。利用這樣的方式就能讓料理生活更輕鬆，好處多多。

麵味露醃肉

優點 1

配菜
很快就能煮好！

「冷凍常備肉料理」有別於單純地將食材冷凍起來，而是將調味料搓揉入味後再加以保存。所以要使用的時候，只要從冷凍室取出就能馬上烹煮了！由於食材已經入味，所以不用另外調味，讓你能完成一道感覺很費功夫的料理。冷凍過後的肉類和海鮮還有許多優點，可以去除多餘的水分及腥味，增加鮮味，讓肉質變得更軟嫩。

╲ 備有「冷凍常備肉」就能輕鬆完成這道料理！╱

→ p.38
香氣四溢！
青紫蘇豬五花炒紅蘿蔔絲

4

優點 2
增加料理的變化

「冷凍常備肉料理」還有一個好處是，可以在加熱時加進蔬菜，或是改變烹調方式，例如燉煮或油炸等等，可以自行變化。此外，本書所介紹的預先調味方式，全都可以改用來醃肉或醃海鮮。只要將各式各樣的食材冷凍起來備用，就能料理出變化豐富的菜色。

優點 3
減少食物浪費

「冷凍常備肉料理」可以冷凍保存約 1 個月。只要將在特價時多買的食材，或是吃不完的食材冷凍起來，就不會造成浪費，還能省錢。由於保存期限長，所以不必急著消耗食材，也不用傷腦筋如何安排菜色。

優點 4
前置作業簡單

只需將調味料和食材，放入冷凍保鮮袋中充分搓揉即可。因為只是先進行醃漬，所以短時間就能完成。即使沒有時間料理完整的一餐，但只要預先調味再冷凍，幾分鐘就能完成。不需要複雜的技巧，十分推薦給烹飪初學者，也很適合親子一同製作。

優點 5

在冷凍狀態下就能烹調，需要清洗的器具很少

本書收錄的大部分冷凍料理，都可以在冷凍的狀態下烹調，所以從冷凍室取出保鮮袋後，就能直接倒入平底鍋或鍋子中。由於食材是切成方便烹調的大小再冷凍，所以在進行料理時，菜刀、砧板出現的次數會減少，清洗工作也會很輕鬆。

Contents

- 2　Introduction 前言
- 4　冷凍常備肉料理厲害的地方！

- 11　**Column 1**
　　我家必備的基本調味料

- 12　冷凍常備肉料理的前置作業
- 14　冷凍常備肉料理的烹調技巧

Part 1
SHINO & Tatsuya 動手做
肉&魚的冷凍常備菜與變化料理

雞腿肉

- 18　SHINO 動手做 **薑鹽麴醃肉**
　　薑香四溢蔥油雞
　　電鍋簡單煮海南雞飯

- 20　Tatsuya 動手做 **照燒醃肉**
　　經典蔥燒雞肉
　　美味塔塔醬南蠻炸雞

雞胸肉

- 22　SHINO 動手做 **香草鹽醃肉**
　　香草嫩炸雞
　　香草雞肉沙拉

- 24　Tatsuya 動手做 **大蒜味噌醃肉**
　　白飯一碗接一碗青椒味噌雞肉
　　馬鈴薯味噌燉雞

雞里肌

- 26　SHINO 動手做 **檸檬油醃肉**
　　清爽檸檬雞里肌佐五彩泡菜
　　檸檬雞里肌異國蕎麥麵

- 28　Tatsuya 動手做 **豆瓣醬美乃滋醃肉**
　　當下酒菜也行蔥燒雞里肌
　　辛辣炸雞

翅小腿

- 30　SHINO 動手做 **高湯粉醃肉**
　　烤翅小腿
　　鮮味十足翅小腿番茄湯

- 32　Tatsuya 動手做 **印度咖哩醃肉**
　　免燉煮也好吃的翅小腿咖哩
　　翅小腿咖哩烏龍麵

豬肉片

- 34　SHINO 動手做 **甜辣醬油醃肉**
　　百菇炒豬肉片
　　溫泉蛋豬肉蓋飯

- 36　Tatsuya 動手做 **甜辣韓式辣醬醃肉**
　　好吃到三兩下吃光光泡菜豬肉炒麵
　　起司春川辣炒豬

豬五花肉片

- 38　SHINO 動手做 **麵味露醃肉**
　　青紫蘇豬五花炒紅蘿蔔絲
　　豬五花滷白蘿蔔

- 40　Tatsuya 動手做 **韓式醃肉**
　　超下飯韓式烤肉炒小松菜
　　營養滿分韓式烤肉拌飯

豬五花肉塊

- 42　SHINO 動手做 **香料醃肉**
　　暖身暖心的中華火鍋
　　搭配蔬菜一起吃生菜包肉

- 44　Tatsuya 動手做 **五香醃肉**
　　中式滷肉
　　免燉煮滷肉飯

牛肉片

- 46　SHINO 動手做 **番茄醬醃肉**
　　番茄牛肉
　　番茄牛肉燴飯

- 48　Tatsuya 動手做 **壽喜燒醃肉**
　　百菇牛肉豆腐
　　經典美味牛肉蓋飯

50 Column 2
蔬菜與菇類切好備用&前置作業

綜合絞肉

54 SHINO 動手做 西式漢堡醃肉
五彩蔬菜肉捲
起下飯印度肉末咖哩

56 Tatsuya 動手做 麻婆味噌醃肉
和風味噌蓮藕漢堡排
油豆腐炒麻婆味噌肉燥

豬絞肉

58 SHINO 動手做 鹽麴醃肉
洋蔥鹽麴肉燥味噌湯
麻油炒豆苗鹽麴肉燥

60 Tatsuya 動手做 蠔油醃肉
嫩蛋蠔油肉燥蓋飯
台式拌麵

雞絞肉

62 SHINO 動手做 雞粉醃肉
薑汁雞肉丸子湯
中式雞肉燥澆汁豆腐

64 Tatsuya 動手做 東南亞風味醃肉
打拋飯
異國雞肉燥冬粉沙拉

鮭魚

66 SHINO 動手做 大蒜油醃魚
義式鮭魚炒青花菜
鮭魚菠菜義大利麵

68 Tatsuya 動手做 味噌奶油醃魚
鮭魚鏘鏘燒
紙包味噌鮭魚百菇

鱈魚

70 SHINO 動手做 柚子胡椒醃魚
煎柚子胡椒鱈魚佐爽口泡菜
柚子胡椒鱈魚佐彩蔬澆汁

72 Tatsuya 動手做 咖哩美乃滋醃魚
鱈魚馬鈴薯咖哩起司燒
嫩煎咖哩美乃滋鱈魚佐彩蔬

蝦子

74 SHINO 動手做 鹽蒜油醃蝦
蒜味蝦
水煮蛋鮮蝦沙拉

76 Tatsuya 動手做 甜辣醬醃蝦
干燒蝦仁
美味蝦仁蛋炒飯

78 Column 3
SHINO & Tatsuya 夫婦的省時副菜
Tatsuya 動手做的副菜
中式辣味蓮藕炒培根
青椒炒鮪魚
馬鈴薯炒火腿

80 SHINO 動手做的副菜
百菇炒魩仔魚
番茄培根湯
紅蘿蔔芝麻韓式拌菜

Part 2
瞬間完成一道菜！

冷凍
常備料理

84 忙碌工作日的快速餐
照燒雞肉蛋蓋飯
秋葵涼拌豆腐
百菇海苔湯

86 滿滿蔬菜健康餐
和風香料異國蕎麥麵
甜椒起司柴魚涼拌菜

88 下飯精力餐
韓式烤肉炒小松菜
甜椒鮪魚中式涼拌菜

9

90	**享受當令美食餐** 紙包味噌鮭魚 中式辣味蓮藕炒培根味噌奶油醃魚
92	**家庭小聚簡易派對餐** 印度烤雞＆烤蔬菜 奶油乳酪南瓜核桃沙拉／火腿醋漬菜
94	**在家小酌居酒屋餐** 中式薑汁雞佐小黃瓜 牛肉百菇豆腐佐溫泉蛋／義式香蒜毛豆
96	*Column 4* **變化豐富的冷凍常備菜** 番茄醬 維也納香腸披薩吐司 墨式章魚彩蔬醋漬菜
97	餃子餡 香菇餃 韭菜蛋鬆

Part 3

讓料理更上一層樓
烹調＆盛盤的絕竅

料理的絕竅
100	正確測量調味料
101	隨時備妥省時食材 減少清洗器具
102	多一點技巧讓雞肉更軟嫩
103	留易烹調火力 味道過重時花點工夫就能拯救回來 變化口味

盛盤的絕竅
104	用食材增添色彩
105	充滿立體感的盛盤方式更顯美味 淋上熬煮醬汁突顯汁多味美

106	冷凍常備肉一覽表
108	各種食材索引

本書使用方式

食譜標記注意事項
- 測量單位為 1 杯＝ 200 毫升、1 大匙＝ 15 毫升、1 小匙＝ 5 毫升、1 合＝ 180 毫升。
- 調味料分量標記為「少許」時，意指用大拇指與食指這 2 根手指捏起來的量。
- 微波爐加熱時間是以 600W 為基準。500W 需要 1.5 倍的時間，700W 需要 0.8 倍的時間，請以此基準增減時間。根據每個人所使用的型號，加熱時間可能會略有不同。如果擔心食物沒有煮熟的話，請一面觀察再逐步加熱。
- 烤箱的加熱時間是以 1000W 為基準。
- 使用微波爐或烤箱加熱時，請遵循機器的說明書，使用可耐高溫的料理器具及容器。
- 液體若用微波爐加熱後，在取出攪拌時，某些情況下可能會突然沸騰（突沸）。請大家留意要盡可能倒入寬口容器中，稍微放涼後再從微波爐中取出。
- 冷凍保鮮袋使用的是長 18× 寬 20cm 的產品。
- 基本上會去皮後再烹調的蔬菜，例如馬鈴薯、洋蔥、紅蘿蔔等等，在說明時都會省略去皮的過程，基本上會去蒂或去籽的蔬菜，例如青椒、番茄、四季豆等等，在說明時都會省略去蒂或去籽的過程。肉類清除多餘脂肪等過程也會同樣省略。
- 蔬菜也可以使用冷凍蔬菜。但是在加熱時須花時間，所以有時會比標準的烹調時間更久。
- 蛋使用的是 M 尺寸的產品。
- 砂糖使用的是蔗糖，酒使用的是無鹽清酒，醋使用的是無添加砂糖的醋，醬油使用的是濃口醬油，味噌使用的是綜合味噌，味醂使用的是本味醂。另外所謂的柑橘醋醬汁，則是一般被稱作柚子醋的產品（例如「味ぽん」）。
- 麵味露使用的是 2 倍濃縮。
- 平底鍋基本上使用的是直徑 26cm。

標示說明
解凍後再製作的配菜。

烹調時間說明
- 完成料理所需的參考時間。已扣除解凍時間及醃漬時間。
- 使用冷凍蔬菜時，有時烹調時間會更長。

保存時間說明
- 保存時間是由烹調後隔一天開始計算。
- 冷凍以及冷藏時間僅供參考。會依食材新鮮度、使用的冰箱、保存狀況而異。
- 冷凍保存時，請使用可密封的冷凍保鮮袋。
- 保存時，請使用乾淨的保鮮袋，並用乾淨的手及筷子處理。
- 絕對不可將解凍過的食物再次冷凍。

> 讓美味加分的常備品

Column 1

我家必備的基本調味料

冷凍常備肉料理都會確實調味,所以味道可依據調味料種類加以變化。這些都是我們家經常使用的調味料。每一種都能在超市裡買得到,請大家參考看看。

❶ 砂糖
使用蔗糖。雖然比上白糖貴,但是我們喜歡它的濃醇風味,會讓料理更有層次。當然也可以使用上白糖。

❷ 醋
使用穀物醋。米醋也無妨。如果是添加了鹽或砂糖的醋(普通醋或壽司醋),即使按照分量調味,味道也會不同。

❸ 鹽
食用鹽有精製鹽和天然鹽,選擇哪一種都沒關係。我家習慣使用天然岩鹽,具有溫和的甜味。

❹ 酒
我們習慣使用沒有加鹽的清酒。如果是加了鹽的清酒,即使按照分量烹調,味道也會不同。

❺ 味醂
使用本味醂。由於內含酒精,所以一定要加熱。味醂風味調味料的味道並不一樣,所以請選用「本味醂」。

❻ 醬油
我家習慣使用濃口醬油。有時也會使用薄口醬油或是添加高湯的醬油,但是味道會不一樣。

❼ 味噌
使用不含高湯的綜合味噌。只要不含高湯,也可以使用任何一種麥味噌、米味噌、豆味噌。內含高湯會讓味道改變。

❽ 七味唐辛子
使用風味豐富的七味唐辛子。用來為料理增添辣味及顏色時十分好用。也可以使用一味唐辛子。請依個人喜好選購。

❾ 豆瓣醬
我們習慣使用寬口瓶裝、較易使用的產品。另有軟管包裝的產品,可依使用頻率選購個人喜歡的產品。

❿ 咖哩粉
我們習慣使用具辣味的產品。各廠商的辣度不同,請依照個人喜好選擇辣度。

⓫ 鹽麴
軟管包裝的產品比較方便使用。內含顆粒或是液體狀都無妨。每個品牌做的產品鹹度可能會不一樣,所以使用時要一面調整。

⓬ 香草
想要稍微變化味道時,乾燥香草就能帶來不同風味。我們習慣使用羅勒及奧勒岡,大家也可以使用個人喜歡的種類。

> 當你有喜歡的調味料,料理就會變得更有趣。

> 有了這些調味料,菜色就會變得十分多樣化喔!

＼ 一下子就完成！ ／
冷凍常備肉料理的前置作業

為大家整理出準備冷凍常備肉料理的技巧。
只要留意以下重點，烹煮後的料理就會變得更美味。

Step 1 分切食材

將肉或魚切成易於烹調或食用的大小。分切時厚度及大小盡可能一致，讓冷凍速度或加熱時的熟成狀態也可以一致。

Step 2 將調味料倒入袋中

將調味料倒入冷凍保鮮袋中，並在袋中混合均勻。尤其是砂糖等顆粒狀調味料，還有韓式辣醬及味噌等具黏性的調味料較難以融解，所以要充分搓揉保鮮袋使其融解。

食材要趁新鮮備料

食材盡可能在購買當天完成醃漬冷凍作業。避免時間一久新鮮度及風味都會變差。尤其是特價品要立即醃漬完成。

使用乾淨的冷凍保鮮袋

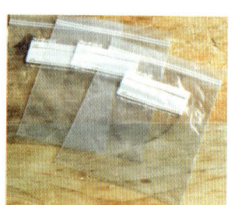

保鮮袋一旦沾上細菌，就會導致食物中毒或食物腐敗。請使用新的保鮮袋，不要重複使用。

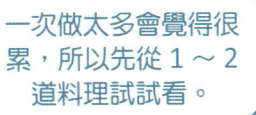
一次做太多會覺得很累，所以先從 1～2 道料理試試看。

冷凍常備肉料理的魅力，在於做菜的同時就能輕鬆完成。搓揉的工作也可以交給孩子來幫忙。

Step 3
放入食材搓揉入味

食材放入保鮮袋後，輕輕地擠出空氣再緊閉袋口，並充分搓揉入味使調味料均勻分布。量多而難以搓揉入味時，可將食材分 2 次放入袋中。

食材要擦去多餘水分再放入袋中

如果食材中殘留多餘水分，冷凍後就會結霜而導致風味變差，還會產生腥味。請用廚房紙巾擦乾後再放入袋中。

Step 4
擠出空氣再壓平

將保鮮袋壓平，讓冷凍或解凍速度保持一致。此時如果有多餘的空氣跑進袋中，容易造成食材氧化，所以要用手按壓將空氣擠出。

用筷子壓出間隔，使用時更方便

有時候一次只需要用到少量絞肉。冷凍前先在袋子上壓線分隔，要用多少就拿多少，非常方便。

\ 照著重點做出美味料理 /

冷凍常備肉料理的烹調技巧

為大家整理出開始烹調之前必須牢記的基本流程和技巧。
請大家按照以下重點，用冷凍常備肉料理做出美味的一餐吧！

1 保持冷凍狀態直接倒入平底鍋

在平底鍋中塗上一層油，再將冷凍肉保持冷凍狀態直接放入鍋中。不容易從袋中倒出來的時候，可將整個袋子放在流水中使表面解凍。但是在這個階段，還不能將火打開。平底鍋建議使用大一點的尺寸，以便讓一整袋的冷凍肉都能入鍋。本書使用的是直徑 26cm 的平底鍋。

\ 解凍 / **有此解凍標示，都必須解凍後再使用**

像是肉丸子這類需要保持成形狀態的食材，請預先移至冷藏室，或是將整個袋子放在流水下解凍後再使用。想裹上麵衣再油炸的食材，請將整個袋子放在流水下，將表面解凍即可。

2

Point

中心部位較難解凍，所以要經常攪拌讓肉鬆開，才能迅速解凍。

蓋上鍋蓋蒸煮

倒入 1～2 大匙水，蓋上鍋蓋後按照食譜上標示的火力大小加熱。由於是在冷凍狀態下直接烹調，所以請務必蓋上鍋蓋讓食材能完整煮熟。

3

邊炒邊將肉鬆開

等到肉變色之後將鍋蓋打開，邊拌炒邊將肉鬆開。一旦肉完全煮熟就不容易鬆開，所以要趁著肉還有一點生紅色時好好鬆開。

4

加入蔬菜再全部煮熟

肉鬆開之後再加入蔬菜。拌炒均勻直到肉完整煮熟，蔬菜也變軟為止。

Part 1

清爽又單純的味道

風味濃郁十分下飯

SHINO & Tatsuya 動手做

肉&魚的冷凍常備菜與變化料理

　　冰箱裡只要備有肉類和海鮮的冷凍常備菜作為主菜，你就不用再為該煮什麼菜色而傷腦筋，做飯就會變得非常輕鬆！本章節將為大家介紹，由 SHINO 製作的清淡口味料理，與 Tatsuya 製作的濃郁風味料理。為了讓前置作業更輕鬆，基本上冷凍袋裡並不會摻雜蔬菜等食材，只會使用肉類及海鮮。

　　運用各種冷凍肉製作出各式料理，從熱炒、炸物到燉菜等費工夫的菜餚一應俱全，大家依照當天的心情，選擇想吃的口味吧！

雞腿肉

SHINO 動手做

薑鹽麴醃肉

將鹽麴搓揉入味可使肉質變軟嫩，鮮味也會更明顯。
在清淡的口味當中，散發著薑的清爽風味。

材料（1袋份）

雞腿肉…2片（500g）
A ｜ 鹽麴…2大匙
　 ｜ 薑（磨成泥）…2小匙

作法

1. 在雞肉上劃出刀痕，使厚度一致，並去除多餘的脂肪。
2. 將 A 倒入冷凍保鮮袋中混合均勻，再加入 1 搓揉入味。壓平後擠出空氣，將袋口緊閉再冷凍。

薑泥風味明顯的淡雅口味

薑香四溢蔥油雞

材料（2人份）

薑鹽麴醃肉…1袋
青蔥…1根
麻油…2小匙
粗粒胡椒（黑）…少許

作法

1. 青蔥切碎。
2. 在平底鍋中塗上一層麻油，倒入「薑鹽麴醃肉」、2大匙水（材料分量外）後蓋上鍋蓋，以中小火蒸煮。
3. 等到肉變色之後打開鍋蓋將雞肉翻面，加入 1 後煎至肉熟透為止。
4. 將 3 盛盤，並將平底鍋中剩餘的醬汁煮至收汁後淋在肉上，再撒上粗粒黑胡椒。

蔥和薑無敵搭配！最後再撒上粗粒黑胡椒，讓風味更加菁華濃縮。

烹調時間 12 分鐘

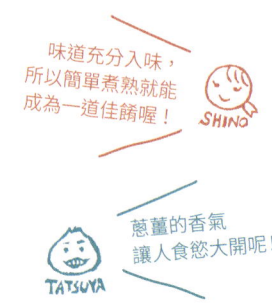

味道充分入味，所以簡單煮熟就能成為一道佳餚喔！ SHINO

蔥薑的香氣讓人食慾大開呢！ TATSUYA

> 交給電鍋來烹調！炊煮期間還可以煮湯或洗碗，有效運用時間。

烹調時間
10 分鐘
（扣除煮飯的時間）

迅速變身日式風味料理

電鍋簡單煮海南雞飯

材料（2人份）

薑鹽麴醃肉…1 袋
白米…2 盒 ※ 不泡水
番茄、小黃瓜、香菜
　…各適量
鹽、胡椒…各少許
A｜蠔油、甜辣醬、
　　魚露…各 1 大匙
　　檸檬汁…1 小匙

作法

1. 番茄切成月牙形，小黃瓜斜切成薄片，香菜去莖後切成適口大小。將 A 混合均勻製成醬汁。

2. 米洗好後倒入電鍋中，加入水（材料分量外）至 2 合的刻度處，再舀掉 2 大匙水。放上「薑鹽麴醃肉」後開始炊煮。

3. 等到雞肉熟透後取出，切成適口大小。在米飯上撒上鹽、胡椒，並攪拌均勻。

4. 將 3 的米飯分成 1 人份盛盤，再放上雞肉，並搭配上 1 的蔬菜。享用時淋上 1 的醬汁。

Point

由於雞肉和米飯放在電鍋中一起煮，因此肉的鮮味會遍布所有米飯。

19

雞腿肉

Tatsuya 動手做
照燒醃肉

大人小孩都愛吃的經典醬油醃料。
雞肉切成一口大小再放入袋中，節省烹調時間。

材料（1袋份）

用於唐揚雞的雞腿肉…300g
A｜醬油…2大匙
　｜酒、味醂…各1大匙

作法

1. 雞肉切成一口大小。
2. 將 A 倒入冷凍保鮮袋中混合均勻，再加入 1 搓揉入味。壓平後擠出空氣，將袋口緊閉再冷凍。

用鹹甜醬汁重現居酒屋風味
經典蔥燒雞肉

> 裹上醬汁的青蔥和獅子椒也是絕妙搭配。非常適合在家喝酒的下酒菜！

烹調時間 **10分鐘**

材料（2人份）

照燒醃肉…1袋
青蔥…1/2根
獅子椒…5～6根
沙拉油…2小匙
七味唐辛子（依個人喜好）…適量

作法

1. 青蔥切成 3～4cm 長。獅子椒劃出刀痕。
2. 在平底鍋中塗上一層沙拉油，倒入「照燒醃肉」、1大匙水（分量外）後蓋上鍋蓋，以中小火蒸煮。
3. 等到肉變色之後打開鍋蓋將雞肉翻面，並加入 1。青蔥、獅子椒要邊翻面邊將表面煎至上色。
4. 將 3 盛盤，並依個人喜好撒上七味唐辛子。

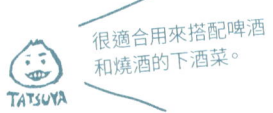
很適合用來搭配啤酒和燒酒的下酒菜。

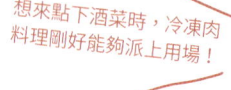
想來點下酒菜時，冷凍肉料理剛好能夠派上用場！

> 用柚子醋取代甜醋拌匀,味道更清爽!淋上大量塔塔醬盡情享用～

烹調時間
(自解凍後)
20分鐘

調味料完全入味,炸過之後肉質依舊濕潤

美味塔塔醬南蠻炸雞

\解凍/

材料(2人份)

照燒醃肉…1袋
洋蔥…1/4個
水菜、紅葉萵苣、檸檬、小番茄
　…各適量
水煮蛋…2個
A｜美乃滋…2大匙
　｜牛奶…1/2大匙
　｜檸檬汁…1小匙
　｜鹽、胡椒…各少許
麵粉…適量
蛋…1個(打散)
炸油…適量
柑橘醋醬汁…2大匙

作法

1. 「照燒醃肉」整袋放在流水中使表面解凍。洋蔥切碎,泡水後將水分瀝乾。水菜切成3～4cm長,紅葉萵苣用手撕成適口大小,檸檬切成月牙形,小番茄切成一半。

2. 水煮蛋倒入調理盆中用叉子等工具壓碎,與1的洋蔥和A混合均勻後製成塔塔醬。

3. 將1擦乾水分的雞肉和麵粉倒入塑膠袋中,上下搖晃沾裹麵粉,再浸入打散的蛋液中。

4. 在平底鍋中倒入1～2cm深的炸油後以中火加熱,倒入3油炸7～8分鐘至金黃色後,再暫時取出。

5. 將4平底鍋中的油擦乾淨,倒入柑橘醋醬汁以中火加熱,等表面開始冒泡之後將4倒回鍋中裹上醬汁。

6. 將1的紅葉萵苣和水菜鋪在盤子上再放上5,然後淋上2。並加上1的小番茄和檸檬。

Point

先浸過蛋液再油炸,以防水分流失,才能鎖住鮮味。

雞胸肉

SHINO 動手做

香草鹽醃肉

用香草為簡單的鹽味增添香氣。香草可依個人喜好挑選。
只需要煮熟就能完成一盤時尚料理。

材料（1袋份）

雞胸肉…2片（500g）
A ┃ 橄欖油、酒
　 ┃ 　…各1大匙
　 ┃ 綜合香草…1小匙
　 ┃ 鹽…1/3小匙

作法

1. 雞肉去皮後用叉子戳幾下，再切成一半。

2. 將A倒入冷凍保鮮袋中混合均勻，再加入1搓揉入味。壓平後擠出空氣，將袋口緊閉再冷凍。

口中滿滿都是麵衣的酥香與香草的高雅香氣

香草嫩炸雞

解凍

> 味道完全附著在雞肉上，只要擠上檸檬即可享用！

烹調時間（自解凍後）
20分鐘

材料（2人份）

香草鹽醃肉…1袋
麵粉…2大匙
蛋（打散）…1個
麵包粉…4大匙
炸油…適量
貝比生菜…適量
檸檬（切成月牙形）…1/2個

作法

1. 「香草鹽醃肉」整袋放在流水中使表面解凍，擦乾水分後取出再依序沾上麵粉、蛋液、麵包粉。

2. 在平底鍋中倒入1～2cm深的炸油後以中火加熱，再倒入1油炸至金黃色為止。

3. 將2切成適口大小後盛盤，並搭配上貝比生菜、檸檬。

Point

去除多餘的麵粉，以防麵衣太厚。只須沾上薄薄一層麵衣，才能炸出酥脆的口感。

> 堅果口感為一大亮點！堅果要放入塑膠袋中，用**擀**麵棍壓碎後口感更棒。

烹調時間
15分鐘

香草香氣讓人更有滿足感！還能攝取到大量蔬菜及肉類

香草雞肉沙拉

材料（2人份）

香草鹽醃肉⋯1袋
紅葉萵苣⋯50g
橄欖油⋯1大匙
堅果（壓碎）⋯20g

A ｜ 橄欖油⋯2大匙
　｜ 白酒醋⋯1大匙
　｜ 砂糖⋯2小撮
　｜ 鹽、胡椒⋯各少許

作法

1. 紅葉生菜用手撕成適口大小。

2. 在平底鍋中塗上一層橄欖油，倒入「香草鹽醃肉」、2大匙水（材料分量外）後蓋上鍋蓋，以中小火蒸煮。

3. 等到肉變色之後打開鍋蓋將雞肉翻面，煎至肉熟透為止。

4. 將 **1** 盛盤，並將 **3** 切成適口大小後放在上面。撒上堅果，再淋上混合均勻的 **A**。

> 醬料 A 也可以使用市售的淋醬。推薦西式口味，例如法式淋醬或是義式淋醬！

雞胸肉

Tatsuya 動手做
大蒜味噌醃肉

味噌內含的酵素可以分解蛋白質，使肉質變軟嫩，再利用大蒜帶出強勁的風味。

材料（1袋份）

雞胸肉…2片（500g）
A ｜ 味噌…4大匙
　　酒、味醂
　　　…各2大匙
　　大蒜（磨成泥）
　　　…1小匙

作法

1. 雞肉去皮後用叉子戳幾下。

2. 將 A 倒入冷凍保鮮袋中混合均勻，再加入 1 搓揉入味。壓平後擠出空氣，將袋口緊閉再冷凍。

濃郁的大蒜味噌讓人胃口大開！

白飯一碗接一碗的青椒味噌雞肉

> 味道強勁的大蒜味噌，讓清淡的雞胸肉也能變成豐盛配菜，讓胃口正旺的孩子大大滿足！

材料（2人份）

大蒜味噌醃肉…1袋
青椒…2個
沙拉油…2小匙

作法

1. 青椒切成絲。

2. 在平底鍋中塗上一層沙拉油，倒入「大蒜味噌醃肉」、2大匙水（材料分量外）後蓋上鍋蓋，以中小火蒸煮。

3. 等到肉變色之後打開鍋蓋將雞肉翻面，加入 1 再煮至肉熟透為止。

4. 將 3 的雞肉、青椒依序盛盤。並將平底鍋中剩餘的醬汁煮至收汁後淋上去。

烹調時間 **12分鐘**

加入青椒會讓配色和口感都變得更好喔！

大蒜和味噌的組合絕對不會出錯～

> 因為是完全入味的冷凍即食，用高湯煮過之後不用加調味料就完成了！

烹調時間
20 分鐘

熱呼呼又美味！
馬鈴薯味噌燉雞

材料（2人份）

大蒜味噌醃肉…1袋
馬鈴薯…2個（200g）
洋蔥…1個
四季豆…3根
高湯…1杯

作法

1. 馬鈴薯切成一口大小後放入耐熱盤中，鬆鬆地蓋上保鮮膜再以微波爐（600W）加熱 3～4 分鐘。洋蔥切成月牙形，四季豆切去兩端再切成 3cm 長。

2. 將「大蒜味噌醃肉」、**1** 的馬鈴薯及洋蔥、高湯倒入鍋中再蓋上鍋蓋，以中火加熱約 10 分鐘。等到雞肉變軟之後用料理剪刀等工具切成一口大小。

3. 全部食材入味且馬鈴薯變軟之後，加入 **1** 的四季豆，煮約 1 分鐘後盛入碗中。

Point

用微波爐加熱時，保鮮膜要鬆鬆地蓋在表面上，兩端則須緊貼著耐熱盤，以免保鮮膜因蒸氣膨脹而破裂。

雞里肌

SHINO 動手做：檸檬油醃肉

讓雞里肌與檸檬的酸味和香氣融為一體的清爽調味。
經加熱後酸味就會減緩，小孩子也容易入口。

材料（1袋份）

雞里肌…4條（160g）
檸檬（切片）…1/2個
鹽…1/3小匙
橄欖油…2大匙

作法

1. 雞里肌去筋後放入冷凍保鮮袋中，用鹽搓揉入味。
2. 將檸檬、橄欖油加入 **1** 中混合均勻。壓平後擠出空氣，將袋口緊閉再冷凍。

利用餘熱煮熟讓肉質濕潤

清爽檸檬雞里肌佐五彩泡菜

還可依個人喜好撒上粗粒黑胡椒！

烹調時間 15分鐘

材料（2人份）

檸檬油醃肉…1袋
洋蔥…1/4個（50g）
紅蘿蔔…1/3條（30g）
青椒…1個（50g）
A ｜ 橄欖油、醋…各1大匙
　　 砂糖…2小匙
　　 鹽、胡椒…各少許

作法

1. 洋蔥沿著纖維切成薄片，紅蘿蔔與青椒切成絲。
2. 將「檸檬油醃肉」倒入耐熱盤中，鬆鬆地蓋上保鮮膜後再以微波爐（600W）加熱2～3分鐘。取出後將肉翻面，加入 **1** 後再次蓋上保鮮膜，並以微波爐加熱2～3分鐘。繼續蓋著保鮮膜靠餘熱將肉煮熟。等到稍微放涼後用手將雞里肌撕開。
3. 將 **A** 加入 **2** 中拌一拌，再用鹽、胡椒調味。盛盤食用前，先在冰箱裡冷卻。

酸酸甜甜，容易入口！
TATSUYA

還能攝取到大量蔬菜喔。

SHINO

> 肉要沾裹耐熱盤上剩餘的醬汁,再放到蕎麥麵上。混合檸檬的酸味,創造出更豐富的味道!

烹調時間 **15分鐘**

讓日式蕎麥麵變成有別以往的面貌

檸檬雞里肌異國蕎麥麵

材料(2人份)

檸檬油醃肉…1袋
甜椒(黃)、紫洋蔥…各1/8個
香菜…適量
蕎麥麵(乾麵)…120g
沾麵醬(將〈2倍濃縮〉麵味露依標示加以稀釋)…2杯

作法

1. 甜椒切成絲,紫洋蔥沿著纖維切成薄片後拌勻備用。香菜去莖後切成適口大小。

2. 將「檸檬油醃肉」倒入耐熱盤中,鬆鬆地蓋上保鮮膜後再以微波爐(600W)加熱4~5分鐘,然後繼續蓋著保鮮膜靠餘熱將肉煮熟。等到稍微放涼後用手將雞里肌撕開。

3. 蕎麥麵依照袋上標示煮熟,瀝乾水分後分成1人份盛盤。

4. 將1的甜椒、紫洋蔥、2依序放在3上,淋上沾麵醬後搭配上1的香菜。

Point

雞里肌要用手指邊壓邊撕,才能撕得又細又美觀。

雞里肌

Tatsuya 動手做
豆瓣醬美乃滋醃肉

豆瓣醬的辣味與美乃滋的濃醇，營造出鮮美的辛辣調味。
清淡的雞里肌，與濃郁的調味十分相配！

材料（1袋份）

雞里肌…4條（160g）
A ｜ 美乃滋…2大匙
　　｜ 醬油…1小匙
　　｜ 豆瓣醬…1/2小匙
※ 豆瓣醬依個人喜好增減

作法

1. 雞里肌去筋。
2. 將 A 倒入冷凍保鮮袋中混合均勻，再加入 1 搓揉入味。壓平後擠出空氣，將袋口緊閉再冷凍。

溫和的辣味讓人欲罷不能
當下酒菜也行
蔥燒雞里肌

烹調時間 **10分鐘**

> 加入萬用蔥花後應避免煮過頭，才能呈現理想的口感和色澤。

材料（2人份）

豆瓣醬美乃滋醃肉…1袋
麻油…2小匙
萬用蔥（切成蔥花）…1根
熟芝麻（白）…1小匙

作法

1. 在平底鍋中塗上一層麻油，倒入「豆瓣醬美乃滋醃肉」、2大匙水（材料分量外）後蓋上鍋蓋，以中小火蒸煮。
2. 等到肉變色之後打開鍋蓋，邊炒邊鬆開成適口大小。
3. 煮到肉熟透之後加入一半的萬用蔥，大略拌一下後盛盤。撒上剩餘的萬用蔥，並撒上芝麻。

Point

拌炒雞里肌的時候，要一邊用筷子或夾子等工具鬆開，就能省去分切的時間，還能確認有沒有煮熟。

> 只需少量的油，即可輕鬆烹調炸物！金黃色澤讓人胃口大開～

烹調時間（自解凍後）
10 分鐘

辛辣濃郁的下酒菜，讓人一杯接一杯！

辛辣炸雞

解凍

材料（2人份）

豆瓣醬美乃滋醃肉…1 袋
小黃瓜…1/2 根
水菜…1/3 把
太白粉…3 大匙
炸油…適量
檸檬（切成月牙形）
　…1/4 個

作法

1. 小黃瓜切成絲，水菜切成 3～4cm 長，再混合均勻。「豆瓣醬美乃滋醃肉」整個袋子放在流水下將表面解凍，擦乾水分後撒上太白粉。

2. 在平底鍋中倒入 1～2cm 深的炸油再以中火加熱，倒入 **1** 的肉油炸 4～5 分鐘至金黃色為止。

3. 將 **1** 的小黃瓜、水菜、**2** 盛盤，並搭配上檸檬。

> 倒入平底鍋後就不要再翻動，直到表面變成金黃色為止。金黃色澤即代表已經煮熟了！

翅小腿

SHINO 動手做 高湯粉醃肉

添加了高湯特有的鮮味,變成深度十足的味道。
除了直接燒烤,也非常適合搭配成湯或燉菜等西式配菜。

材料（1袋份）

翅小腿…6根（300g）
A ｜ 高湯粉、酒
　　　…各1大匙
　｜ 大蒜（磨成泥）
　　　…1/2小匙
　｜ 鹽、胡椒…各少許

作法

1. 翅小腿切除多餘的皮,並在骨頭兩側劃出刀痕。

2. 將 **A** 倒入冷凍保鮮袋中混合均勻,再加入 **1** 搓揉入味。壓平後擠出空氣,將袋口緊閉再冷凍。

用烤箱烹調最輕鬆！
烤翅小腿

> 進烤箱之前先撒上自己喜歡的香草,變化成大人的口味。

材料（2人份）

高湯粉醃肉…1袋
甜椒（黃）…1/4個
櫛瓜…1條
洋蔥…1/2個
橄欖油…1大匙
鹽…少許
紅葉萵苣（撕成適口大小）…適量

作法

1. 甜椒切成2cm大的塊狀,櫛瓜切成5mm寬的扇形,洋蔥切丁後混合均勻備用。

2. 在可進烤箱的耐熱容器裡鋪上鋁箔紙,放入「高湯粉醃肉」和 **1**,再撒上橄欖油與鹽。放入烤箱（1000W）後在中途翻面烤至肉上色為止,大約需要10～15分鐘才會烤熟。

3. 將紅葉萵苣和 **2** 的蔬菜盛盤,再放上肉。

烹調時間 **20分鐘**

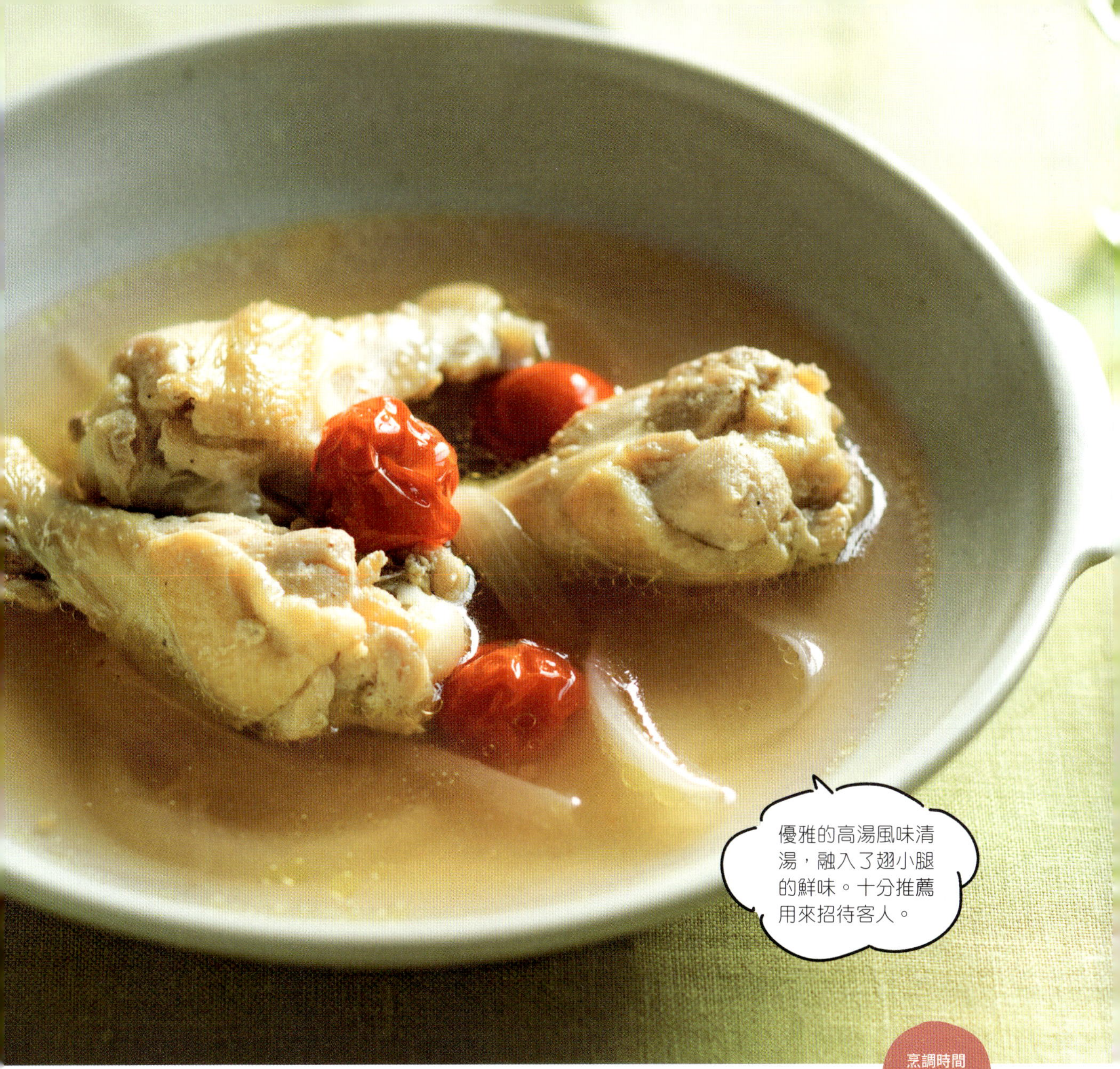

> 優雅的高湯風味清湯，融入了翅小腿的鮮味。十分推薦用來招待客人。

烹調時間 **20分鐘**

用鹽和胡椒簡單調味，就很美味！
鮮味十足翅小腿番茄湯

材料（2人份）

高湯粉醃肉…1袋
小番茄…5～6個
洋蔥…1/2個
水…3杯
鹽、胡椒…少許

作法

1. 洋蔥切成1cm寬的月牙形。
2. 將「高湯粉醃肉」、1、水倒入鍋中以大火加熱。煮滾後加入小番茄再轉成小火，煮約10分鐘後用鹽、胡椒調味。
3. 盛入一人份的碗中即可。

簡單調味的湯底，鮮味十足。

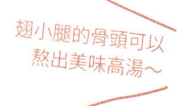
翅小腿的骨頭可以熬出美味高湯～

翅小腿

Tatsuya 動手做
印度咖哩醃肉

優格可以軟化纖維，使雞肉變得軟嫩多汁。
用在突顯咖哩風味的料理上，可以營造出多層次的味道。

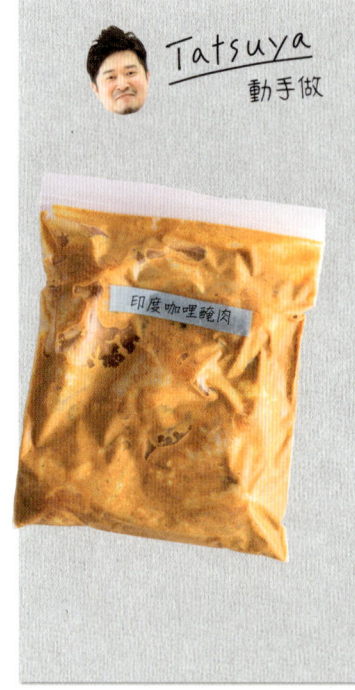

材料（1袋份）

翅小腿…6 根（300g）
鹽、胡椒…各少許
酒…1 大匙
A ｜ 原味優格（無糖）…4 大匙
　｜ 中濃醬…2 大匙
　｜ 咖哩粉、番茄醬…各 1 大匙
　｜ 薑、大蒜（磨成泥）…各 1/2 小匙

作法

1　翅小腿切除多餘的皮，並在骨頭兩側劃出刀痕。

2　將鹽、胡椒、酒、1 倒入冷凍保鮮袋中充分搓揉入味。加入 A 後再次搓揉入味。壓平後擠出空氣，將袋口緊閉再冷凍。

加熱時間短，肉質又軟嫩
免燉煮也好吃的
翅小腿咖哩

> 需花時間燉煮的料理，只要使用冷凍常備肉，也能瞬間完成！

材料（2人份）

印度咖哩醃肉…1 袋
洋蔥…1/2 個
橄欖油…1 大匙
水…3 杯
咖哩塊（個人喜好的辣度）…100g
熱飯…2 碗份
巴西利（切碎）…適量

作法

1　洋蔥沿著纖維切成薄片。

2　在平底鍋中塗上一層橄欖油，倒入「印度咖哩醃肉」、2 大匙水（材料分量外）後蓋上鍋蓋，以中小火蒸煮。

3　等到肉變色之後打開鍋蓋，加入 1 拌炒均勻。煮到洋蔥變軟後倒入水，煮滾後加入咖哩塊攪拌至融化。

4　分別將 1 人份的飯盛入碗中，再淋上 3，並撒上巴西利。

烹調時間 **20 分鐘**

使用帶骨肉會更有分量,也能提升滿足感!

烹調時間
20 分鐘

帶骨肉特有的口感
翅小腿咖哩烏龍麵

材料(2 人份)

印度咖哩醃肉…1 袋
洋蔥…1/2 個
沙拉油…1 大匙
沾麵醬(將〈2 倍濃縮〉麵味露依標示加以稀釋)…3 杯
咖哩塊(個人喜好的辣度)
　…25g
冷凍烏龍麵…2 球
萬用蔥(切成蔥花)、七味唐辛子(依個人喜好)
　…各適量

作法

1　洋蔥沿著纖維切成薄片。

2　在平底鍋中塗上一層沙拉油,倒入「印度咖哩醃肉」、2 大匙水(材料分量外)後蓋上鍋蓋,以中小火蒸煮。

3　等到肉變色之後打開鍋蓋,煎至金黃色為止。加入 **1**、沾麵醬,等表面開始冒泡之後加入咖哩塊攪拌至融化。

4　烏龍麵依照袋上標示煮熟,充分瀝乾水分後加入 **3** 中。

5　分別將 1 人份的烏龍麵盛入碗中,再撒上萬用蔥,並依個人喜好撒上七味唐辛子。

豬肉片

SHINO 動手做
甜辣醬油醃肉

料理必備的甜辣醬油風味,非常方便的常備醬料。
加熱時最適合加入薑或大蒜讓味道多點變化。

材料（1袋份）

豬肉片…300g
A｜醬油…2大匙
　｜酒…1大匙
　｜味醂…1/2大匙

作法

1 將 A 倒入冷凍保鮮袋中混合均勻,再加入豬肉搓揉入味。

2 壓平後擠出空氣,將袋口緊閉再冷凍。

大大滿足的分量
百菇炒豬肉片

> 菇類最適合用來增加分量。可選擇個人喜歡的菇類。

材料（2人份）

甜辣醬油醃肉…1袋
菇類（香菇、鴻喜菇、金針菇等等）…150g
沙拉油…1大匙

作法

1 菇類去根後撕開,或是切成適口大小。

2 在平底鍋中塗上一層沙拉油,倒入「甜辣醬油醃肉」、2大匙水（材料分量外）後蓋上鍋蓋,以中小火蒸煮。

3 等到肉變色之後打開鍋蓋,邊炒邊將肉鬆開。

4 等到肉鬆開之後加入 1 拌炒均勻,煮熟後盛盤。

烹調時間 **10分鐘**

> 加入紅蘿蔔或小松菜等蔬菜,也很好吃喔!

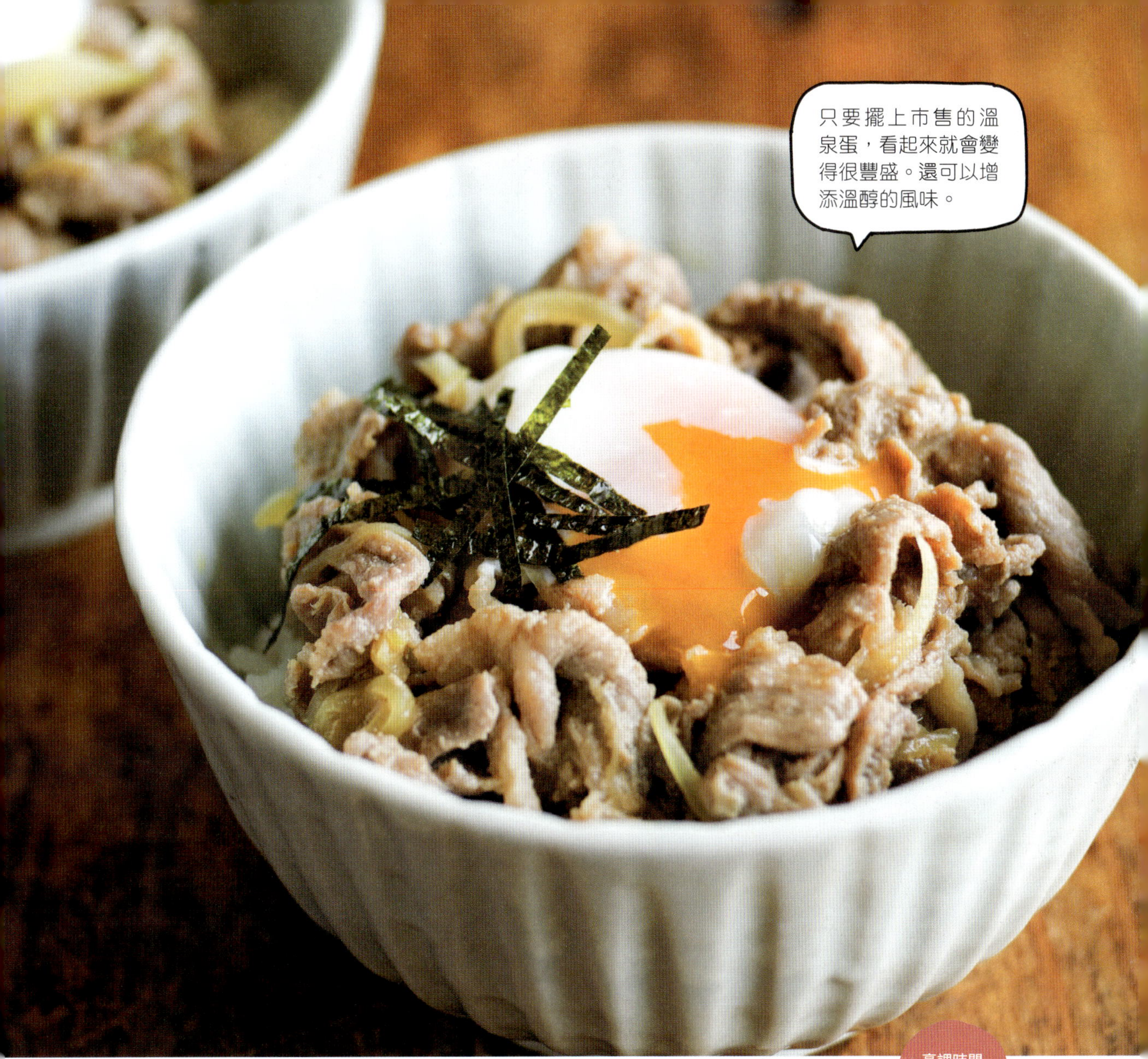
只要擺上市售的溫泉蛋，看起來就會變得很豐盛。還可以增添溫醇的風味。

烹調時間
10 分鐘

淋上大量醬汁再享用！

溫泉蛋豬肉蓋飯

材料（2 人份）

甜辣醬油醃肉…1 袋
洋蔥…1/2 個
沙拉油…1 大匙
熱飯…2 碗份
溫泉蛋…2 個
海苔絲…適量

作法

1 洋蔥沿著纖維切成薄片。

2 在平底鍋中塗上一層沙拉油，倒入「甜辣醬油醃肉」、**1**、2 大匙水（材料分量外）後蓋上鍋蓋，以中小火蒸煮。

3 等到肉變色之後打開鍋蓋，邊炒邊將肉鬆開直到煮熟為止

4 分別將 1 人份的飯盛入碗中，再放上 **3**。中央擺上溫泉蛋，並搭配上海苔絲。

TATSUYA

軟糊糊的溫泉蛋表現得真好～

蓋飯料理在忙碌的日子真是幫了大忙。

SHINO

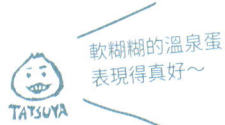

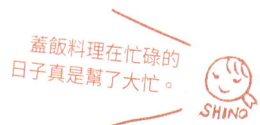

豬肉片

Tatsuya 動手做

甜辣韓式辣醬醃肉

善用韓式辣醬的甜辣味預先醃漬。濃郁的調味即使沾裹麵條，或是添加蔬菜及起司等食材，也不容易掩蓋味道。

材料（1袋份）

豬肉片…300g
A│韓式辣醬…2大匙
　│醬油、酒…各1大匙

作法

1. 將 A 倒入冷凍保鮮袋中混合均勻，再加入豬肉搓揉入味。
2. 壓平後擠出空氣，將袋口緊閉再冷凍。

甜辣醬汁與泡菜辣味相輔相成的精力麵

好吃到三兩下吃光光 泡菜豬肉炒麵

烹調時間 **10分鐘**

> 濃郁的辣醬豬肉與麵條水乳交融，味道恰到好處。作為下酒菜也會讓人停不下來！

材料（2人份）

甜辣韓式辣醬醃肉…1袋
洋蔥…1/4個
韭菜…2～3根
中式油麵…2球（300g）
麻油…1大匙
白菜泡菜…150g

作法

1. 洋蔥沿著纖維切成薄片。韭菜切成 3～4cm 長。中式油麵放入耐熱盤中，以微波爐（600W）加熱約 2 分鐘。
2. 在平底鍋中塗上一層麻油，倒入「甜辣韓式辣醬醃肉」、1 大匙水（材料分量外）後蓋上鍋蓋，以中小火蒸煮。
3. 等到肉變色之後打開鍋蓋將肉鬆開，再加入 1 的洋蔥、泡菜、韭菜拌炒均勻。加入 1 的中式油麵後將麵鬆開，混合均勻。煮到全部食材熟透後盛盤。

用平底鍋三兩下就能煮好。加入泡菜還可以增添辣味，很適合當作下酒菜喔～

甜辣醬汁入味的豬肉及蔬菜，再拌上融化的起司！

用平底鍋輕鬆煮出韓國人氣料理！
起司春川辣炒豬

烹調時間 **15分鐘**

材料（2人份）

甜辣韓式辣醬醃肉…1袋
洋蔥…1/2個
沙拉油…1大匙
披薩用起司…50g

作法

1. 洋蔥沿著纖維切成薄片。
2. 在平底鍋中塗上一層沙拉油，倒入「甜辣韓式辣醬醃肉」、1、2大匙水（材料分量外）後蓋上鍋蓋，以中小火蒸煮。
3. 等到肉變色之後打開鍋蓋，邊炒邊將肉鬆開。
4. 煮到肉熟透之後將平底鍋的中央空出來加入起司，再次蓋上鍋蓋使起司融化。

端上餐桌就會讓人興奮不已的菜色！ SHINO

融化的起司叫人好興奮！！ TATSUYA

豬五花肉片

SHINO 動手做

麵味露醃肉

靠酒和薑去腥，再用麵味露簡單調味。
麵味露的高湯鮮味可以烹調出突顯日式風味的配菜。

材料（1袋份）

豬五花肉片…300g
A ｜ 麵味露（2倍濃縮）…2大匙
　　酒…1大匙
　　薑（磨成泥）…1/2小匙

作法

1. 豬肉切成一口大小。
2. 將 A 倒入冷凍保鮮袋中混合均勻，再加入 1 搓揉入味。壓平後擠出空氣，將袋口緊閉再冷凍。

善用麵味露風味的簡單熱炒

青紫蘇豬五花炒紅蘿蔔絲

只要加入青紫蘇，就能使風味及外觀更有層次，讓家常菜更上一層樓！

材料（2人份）

麵味露醃肉…1袋
紅蘿蔔…1根
洋蔥…1/2個
沙拉油…1大匙
蛋…1個（打散）
青紫蘇（撕成適口大小）…2片
柴魚片…適量

作法

1. 紅蘿蔔切成絲，洋蔥沿著纖維切成薄片。
2. 在平底鍋中塗上一層沙拉油，倒入「麵味露醃肉」、2大匙水（材料分量外）後蓋上鍋蓋，以中小火蒸煮。
3. 等到肉變色之後打開鍋蓋將肉鬆開，再加入 1 拌炒均勻。煮到肉熟透，蔬菜變軟之後，以繞圈方式倒入蛋液再拌炒一下，然後熄火。
4. 將 3 盛盤，撒上青紫蘇，並放上柴魚片。

烹調時間 **15 分鐘**

> 隔天吃也美味。高湯充分入味，變得更有味道。

在麵味露和高湯的加乘作用下既入味又好吃

豬五花滷白蘿蔔

烹調時間 20 分鐘

材料（2人份）

麵味露醃肉…1 袋
白蘿蔔…1/2 根（300g）
高湯…1 杯
蘿蔔嬰（去根）…適量

作法

1. 白蘿蔔切成滾刀塊後放入耐熱盤中，倒入 1～2 大匙水（材料分量外）後鬆鬆地蓋上保鮮膜，再以微波爐（600W）加熱 5～6 分鐘。

2. 將「麵味露醃肉」、瀝乾水分的 **1**、高湯倒入平底鍋再蓋上鍋蓋，以中火煮約 10 分鐘。

3. 等到肉變色之後打開鍋蓋將肉鬆開。煮到肉熟透、白蘿蔔變軟之後盛入碗中，再搭配上蘿蔔嬰。

> 真是暖心的好味道。 SHINO

> 煮到入味的蘿蔔最好吃了。 TATSUYA

豬五花肉片

Tatsuya 動手做

韓式醃肉

加入大蒜和薑之後香氣更加豐盛。
鹹鹹甜甜的調味與豬五花的油脂水乳交融，肯定十分下飯！

材料（1袋份）

豬五花肉片⋯300g
A｜醬油⋯2大匙
　｜砂糖、酒、麻油
　｜　⋯各1大匙
　｜薑、大蒜（磨成泥）
　｜　⋯各1/2小匙

作法

1. 豬肉切成一口大小。
2. 將 A 倒入冷凍保鮮袋中混合均勻，再加入 1 搓揉入味。壓平後擠出空氣，將袋口緊閉再冷凍。

不用再另外調味，超級方便

超下飯 韓式烤肉炒小松菜

> 一定會讓人再來一碗飯的濃郁美味配菜。也可以加入個人喜歡的蔬菜變化一下。

材料（2人份）

韓式醃肉⋯1袋
小松菜⋯1/2把
洋蔥⋯1/2個
麻油⋯1小匙

作法

1. 小松菜切成 3～4cm 長，將莖和葉子的部分分開。洋蔥沿著纖維切成薄片。
2. 在平底鍋中塗上一層麻油，倒入「韓式醃肉」、1大匙水（材料分量外）後蓋上鍋蓋，以中小火蒸煮。
3. 等到肉變色之後打開鍋蓋，邊炒邊將肉鬆開。
4. 煮到肉熟透之後，加入 1 小松菜的莖、洋蔥後拌炒均勻。
5. 等到蔬菜變軟之後，加入 1 小松菜的葉子再拌炒一下，然後盛盤。

烹調時間 **15分鐘**

> TATSUYA：小松菜的葉子晚一點再倒入鍋中，使熟成程度一致，才會有好吃口感喔！

> SHINO：還可以搭配韓式辣醬或七味唐辛子享用。

> 整個平底鍋直接端上桌，全部攪拌均勻後再享用。

烹調時間 **20 分鐘**

酥脆的鍋巴令人無法抗拒
營養滿分韓式烤肉拌飯

材料（2人份）

韓式醃肉…1 袋
甜椒（紅）…1/4 個（30g）
菠菜…1/2 把
A｜醬油、麻油…各 1 小匙
　｜大蒜（磨成泥）、鹽、胡椒…各少許
沙拉油…1 小匙
熱飯…適量
蛋黃…1 個
韓式辣醬（依個人喜好）、海苔絲
　…各適量
熟芝麻（白）…1 小匙

Point
用炒過豬肉的平底鍋炒飯，可以沾裹上醬油及肉的鮮味，完全不浪費。

作法

1. 甜椒切成絲，倒入耐熱容器中鬆鬆地蓋上保鮮膜，以微波爐（600W）加熱約 1 分鐘。菠菜切成 3～4cm 長，在熱水中加入少許鹽（材料分量外）後燙熟，再泡在流水中、將水分擠乾。接著將菠菜放入甜椒的容器裡，並加入 A 拌勻。

2. 在平底鍋中塗上一層沙拉油，倒入「韓式醃肉」、1 大匙水（材料分量外）後蓋上鍋蓋，以中小火蒸煮。等到肉變色之後打開鍋蓋，邊炒邊將肉鬆開。煮到肉熟透後先取出放到容器裡。

3. 將飯倒入同一個平底鍋中以中火拌炒一下，讓飯與肉的油脂融合在一起，再攤開來拌炒。等到飯變成金黃色後熄火。

4. 將 **2**、**1** 依序放在 **3** 上面，中央再擺上蛋黃，並依個人喜好搭配上韓式辣醬。最後撒上海苔絲、芝麻。

豬五花肉塊

SHINO 動手做

香料醃肉

加入薑和大蒜，可以有去腥效果。雖然須花時間解凍，但是可以品嚐到肉的甜味及鮮味，相當值得。

材料（1袋份）

豬五花肉塊…400g
鹽、胡椒…各少許
A｜酒…2大匙
　｜薑、大蒜（磨成泥）
　｜…各1小塊

作法

1. 豬肉用鹽、胡椒醃漬入味。
2. 將 A 倒入冷凍保鮮袋中混合均勻，再加入 1 搓揉入味。壓平後擠出空氣，將袋口緊閉再冷凍。

透過預先調味讓肉質多汁又軟嫩！

暖身暖心的中華火鍋

> 肉的鮮味完全釋放出來！這種多汁的口感只有肉塊辦得到。

材料（2人份）

香料醃肉…1袋
青蔥…1/2根
馬鈴薯…2個
水…4杯
雞粉…2大匙

作法

1. 青蔥切成 3～4cm 長。馬鈴薯切成大一點的一口大小。
2. 將「香料醃肉」、水、雞粉倒入鍋中以大火加熱，煮滾後轉成中火煮約 20 分鐘。
3. 將 1 加入 2 中，煮到肉熟透，蔬菜變軟為止。再將肉切成 1cm 寬。
4. 將 3 分成一人份後盛入碗中。還可以依個人喜好撒上粗粒黑胡椒。

> 馬鈴薯切成比一口大小大一點才不容易煮散，鬆鬆軟軟的很好吃喔！

烹調時間 **30 分鐘**

> 生菜加上泡菜再加上肉。豐盛菜色讓餐桌也熱鬧起來！用萵苣包起來豪邁地大口吃下。

烹調時間（扣除靜置的時間）
30 分鐘

分量十足卻很健康的韓式料理
搭配蔬菜一起吃的生菜包肉

材料（2人份）

香料醃肉…1 袋
青蔥的蔥綠部分…1 根份
水…4 杯
A│味噌…2 大匙
 │醬油…1 大匙
 │鹽、胡椒…各少許
B│甜麵醬…2 大匙
 │蜂蜜…1/2 大匙
 │熟芝麻（白）…1 小匙
紅葉萵苣…適量
白菜泡菜…100g
白蔥絲…10cm 份
熟芝麻（白）…適量

作法

1. 將「香料醃肉」、青蔥、水、A 倒入鍋中以大火加熱，煮滾後轉成中火煮約 20 分鐘。

2. B 混合均勻備用。紅葉萵苣要一片片剝開。

3. 等到 1 的肉熟透變軟之後熄火，直接靜置備用。稍微放涼後將肉切成 1cm 寬。

4. 將 3、2 的紅葉萵苣、泡菜、白蔥絲盛盤，撒上芝麻，再搭配上 2 的醬汁。

Point
用大一點的鍋子煮豬肉，讓豬肉能浸泡在湯汁裡。

豬五花肉塊

Tatsuya 動手做

五香醃肉

基本的醬油、酒、砂糖加上五香粉的異國調味。
看似困難的滷肉，只要用這種調味方式也能簡單煮出滷肉飯！

材料（1袋份）

豬五花肉塊…400g
鹽、胡椒…各少許
A ┃ 醬油、酒…各2大匙
　 ┃ 砂糖…1大匙
　 ┃ 五香粉…少許

作法

1. 豬肉切成1.5cm寬，用鹽、胡椒醃漬入味。

2. 將A倒入冷凍保鮮袋中混合均勻，再加入1搓揉入味。壓平後擠出空氣，將袋口緊閉再冷凍。

不用壓力鍋也能煮得入口即化！

中式滷肉

烹調時間（扣除靜置的時間）**30分鐘**

> 全靠冷凍常備肉才能煮得軟爛。擺上紅辣椒絲，讓配色更好看。

材料（2人份）

五香醃肉…1袋
薑…1小塊
青蔥的蔥綠部分…1根份
水…2杯
白蔥絲…10cm份
紅辣椒絲（有的話）、芥末醬…各適量

作法

1. 薑連皮直接切成薄片。

2. 將「五香醃肉」、1、青蔥、水倒入鍋中以中火加熱。

3. 煮滾後轉成小火將雜質撈除，再蓋上鍋蓋煮約20分鐘。煮到肉熟透後熄火，直接靜置放涼。

4. 將3盛盤，放上白蔥絲、紅辣椒絲，再搭配上芥末醬。滷汁收乾後也可以淋上去。

> 豬肉和薑、青蔥一起燉煮後，腥味就會消除，變得很美味喔！

> 五香粉微微飄香的正統風味。偏甜的濃郁味道好下飯～

烹調時間 20分鐘

短時間煮出台灣經典菜色！

免燉煮滷肉飯

材料（2人份）

- 五香醃肉…1袋
- 青江菜…1/2把
- 香菇…2朵
- 竹筍（水煮）…100g
- 沙拉油…1大匙
- 熱飯…2碗份
- 白蔥絲…5cm份
- 水煮蛋…2個（去殼）
- 熟芝麻（白）…適量

作法

1. 青江菜切成 3～4cm 長，在熱水中加入少許鹽（材料分量外）後燙熟，再泡在流水中，將水分擠乾。香菇去柄，與竹筍一起切成丁。

2. 在平底鍋中塗上一層沙拉油，倒入「五香醃肉」、1大匙水（材料分量外）後蓋上鍋蓋，以中小火蒸煮。

3. 等到肉變色之後打開鍋蓋，用料理剪刀剪開，再加入 1 的竹筍、香菇後炒熟。

4. 將飯、3 分成 1 人份盛盤。再放上 1 的青江菜、白蔥絲，並搭配上切成一半的水煮蛋後撒上芝麻。

Point

肉用料理剪刀剪成適口大小。

牛肉片

SHINO 動手做
番茄醬醃肉

以番茄醬和中濃醬為基底的懷念味道。
這是方便變化成西式配菜的冷凍常備肉。

材料（1袋份）
牛肉片…300g
A｜番茄醬…4大匙
　｜中濃醬…3大匙
　｜高湯粉…1大匙
　｜胡椒…少許

作法
1. 將 A 倒入冷凍保鮮袋中混合均勻，再加入牛肉搓揉入味。
2. 壓平後擠出空氣，將袋口緊閉再冷凍。

深受小朋友喜愛的番茄口味
番茄牛肉

> 香甜濃郁的肉加上番茄的酸味堪稱絕配。這是一道適合配飯、也能配麵包吃的西式配菜。

材料（2人份）
番茄醬醃肉…1袋
菇類（香菇、鴻喜菇、金針菇等等）…100g
橄欖油…1大匙
小番茄…5～6個
巴西利（切碎）…適量

作法
1. 菇類去根後撕開，或是切成適口大小。
2. 在平底鍋中塗上一層橄欖油，倒入「番茄醬醃肉」、1大匙水（材料分量外）後蓋上鍋蓋，以中小火蒸煮。
3. 等到肉變色之後打開鍋蓋，邊炒邊將肉鬆開。
4. 將肉鬆開之後加入 1、番茄拌炒均勻。煮到肉熟透之後盛盤，再撒上巴西利。

烹調時間 10分鐘

TATSUYA：因為是番茄口味，小朋友也都會吃得很開心！

SHINO：這是全家人可以一起享用的味道。

46

> 單靠蔬菜的水分煮熟,可以充分感受到食材的鮮味。清淡的風味似乎再多都吃得下～

善用冷凍常備肉,即可輕鬆完成!

番茄牛肉燴飯

烹調時間 **20 分鐘**

材料(2 人份)

番茄醬醃肉…1 袋
洋蔥…1/2 個
洋菇…4 個
大蒜…5g
橄欖油…1 大匙
A｜番茄罐(整顆)…1 罐(400g)
　｜砂糖…1 小匙
鹽、胡椒、粗粒黑胡椒…各少許
熱飯…2 碗份

作法

1. 洋蔥沿著纖維切成薄片,洋菇切成一半。大蒜切成末。

2. 將橄欖油、**1** 的大蒜倒入平底鍋中以小火加熱,爆香之後加入洋蔥拌炒均勻。

3. 等到洋蔥變軟之後,加入「番茄醬醃肉」再蓋上鍋蓋蒸煮。

4. 煮到肉變色之後打開鍋蓋,邊炒邊將肉鬆開。

5. 將肉鬆開之後加入 **1** 的洋菇拌炒均勻,再加入 **A** 後將番茄壓碎,煮約 10 分鐘。撒上鹽、胡椒調味。

6. 分別將 1 人份的飯盛入碗中再淋上 **5**,最後撒上粗粒黑胡椒。

牛肉片

Tatsuya 動手做
壽喜燒醃肉

深受各世代喜愛的甜辣調味。從炒到煮，用途十分廣泛。
重口味的調味與米飯也十分對味。

材料（1袋份）

- 牛肉片…300g
- A｜醬油…2大匙
  ｜酒、味醂…各1大匙
- 砂糖…1小匙

作法

1. 將 **A** 倒入冷凍保鮮袋中混合均勻，再加入牛肉搓揉入味。
2. 壓平後擠出空氣，將袋口緊閉再冷凍。

完全入味的美味經典日式料理
百菇牛肉豆腐

> 看似困難的日式料理，也能運用冷凍常備肉輕鬆完成喔！不僅能用來配飯吃，也十分適合當作日本酒的下酒菜。

材料（2人份）

- 壽喜燒醃肉…1袋
- 菇類（香菇、鴻喜菇、金針菇等等）…100g
- 豆腐（木綿）…200g

作法

1. 菇類去根後撕開，或是切成適口大小。豆腐切成適口大小。
2. 將「壽喜燒醃肉」、**1**的菇類、1/2杯水（材料分量外）倒入鍋中再蓋上鍋蓋，以中火加熱。
3. 等到肉變色之後打開鍋蓋將肉鬆開。加入**1**的豆腐，煮至肉熟透後盛盤。

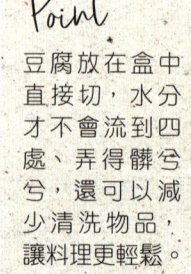

烹調時間 **15分鐘**

Point

豆腐放在盒中直接切，水分才不會流到四處、弄得髒兮兮，還可以減少清洗物品，讓料理更輕鬆。

> 牛肉蓋飯果然還是要拌蛋吃最好吃！還可以依個人喜好撒上七味唐辛子。

烹調時間 **10** 分鐘

蓋上甜辣牛肉與滷汁的米飯堪稱絕品！

經典美味牛肉蓋飯

材料（2 人份）

壽喜燒醃肉…1 袋
洋蔥…1/2 個
沙拉油…2 小匙
熱飯…2 碗份
紅薑絲、萬用蔥（切成蔥花）
　…各適量
蛋黃…2 個

作法

1. 洋蔥沿著纖維切成薄片。

2. 在平底鍋中塗上一層沙拉油，倒入 **1** 後以中火拌炒。等到洋蔥變軟之後，加入「壽喜燒醃肉」、2 大匙水（材料分量外）再蓋上鍋蓋，以中小火蒸煮。

3. 煮到肉變色之後打開鍋蓋，邊將肉鬆開邊炒至熟透。

4. 分別將 1 人份的飯盛入碗中，再放上 **3**、紅薑絲，並撒上萬用蔥。最後搭配上蛋黃。

Column 2

蔬菜與菇類
切好備用＆前置作業

> 還能冷凍起來十分方便！

很忙的時候最能派上用場的，就是「切好備用的蔬菜與菇類」，以及「完成前置作業的蔬菜」。將常用的食材切好再冷藏或冷凍保存起來，想用的時候就能馬上使用，比方說加進熱炒料理或是湯品當中，也可以三兩下就做好副菜。

保存的重點

Point 1　用方便使用的切法、分量加以保存

保存時要分成一次使用的分量，以便在冷凍狀態下也可以直接加熱。即便是同一種蔬菜，切法也會依據所使用的料理而改變。如果是洋蔥的話，可以切成末與切成薄片再分開保存，這樣才方便使用。葉菜類的莖和葉子加熱時間不同，所以建議要分開保存備用。

Point 2　擦乾水分再裝入保鮮袋中

無論是冷藏或冷凍，水分太多的話都會導致食材容易損壞。請用廚房紙巾擦乾水分再裝入保鮮袋中。冷凍的時候，在裝入冷凍保鮮袋後須將空氣擠出，將袋口緊閉後再放進冷凍室。冷藏的時候，在裝入塑膠後要輕輕地擠出空氣，再將袋口緊閉即可。不管是冷凍或冷凍，都要遵守保存期限，並且儘快使用。

切成末　　切成薄片

Point 3　檢查哪些食物不適合冷凍

有些蔬菜並不適合冷凍，所以冷凍時應預先檢查一下。含水量及纖維含量高的蔬菜，例如右表中列出的蔬菜，經冷凍過後口感及顏色都會變差。

不適合冷凍的食材

- 馬鈴薯
- 茄子
- 生菜
- 水菜
- 香菜
- 小黃瓜
- 竹筍

方便切好備用＆前置作業的蔬菜

為大家介紹可以冷藏也能冷凍的蔬菜，以及每種蔬菜建議的切法。
請大家在參考本書食譜烹調時，好好地運用看看。

小松菜

冷藏保存：1〜2天／冷凍保存：1個月

切成4cm長。莖和葉的加熱時間不同，所以要分開保存比較方便使用。想要冷凍的話，建議先迅速汆燙一下。

莖 4cm長
葉 4cm長

四季豆

冷藏保存：2〜3天／冷凍保存：1個月

切成3cm長。想要冷凍的話，建議先迅速汆燙一下。

3cm長

紅蘿蔔

冷藏保存：2〜3天／冷凍保存：1個月

切成方便食用的長絲狀。另外也可以切成扇形或條狀，使用起來也很方便。

切成絲

青蔥

冷藏保存：2〜3天／冷凍保存：1個月

切成蔥花、斜切、切成3〜4cm長都很方便使用。想要切成蔥花冷凍的時候，裝袋後要攤平開來，使用時才方便調整用量。

切成蔥花
斜切
3〜4cm長

韭菜

冷藏保存：1〜2天／冷凍保存：1個月

切成3cm長。冷藏容易損壞，所以要儘快使用或冷凍。

3cm長

洋蔥

冷藏保存：2〜3天／冷凍保存：1個月

建議要沿著纖維切成薄片或切成末。經冷凍後味道更容易入味，所以最好使用冷凍洋蔥來做燉煮料理。

切成末
切成薄片

青花菜

冷藏保存：2〜3天／冷凍保存：1個月

分成小朵。比較大朵的將莖劃開之後再用手撕開，即可輕鬆分離。

分成小朵

> 蔬菜先切好保存，想為料理增添色彩時，更加方便使用。

Column 2

甜椒
冷藏保存：1～2天／冷凍保存：1個月

想為料理增添色彩時也很方便使用的蔬菜。最好不要切得太薄或太細，才能突顯存在感。

切成絲

青椒
冷藏保存：1～2天／冷凍保存：1個月

切成絲或切成一口大小。想要冷凍的時候，要攤平保存儘量避免重疊，更為方便使用。

切成絲 / 切成一口大小

白蘿蔔
冷藏保存：2～3天／冷凍保存：1個月

切成滾刀塊再保存。另外也很適合切成扇形或條狀，用來煮味噌湯。

滾刀塊

蓮藕
冷藏保存：1～2天／冷凍保存：1個月

切成圓片狀，再泡在醋水中。冷藏時要泡在醋水裡保存。冷凍時要將醋水瀝乾再保存。

圓片狀

南瓜
冷藏保存：2～3天／冷凍保存：1個月

切成2～3cm的塊狀，方便燉煮，或是煎熟後當作配菜。

塊狀

秋葵
冷藏保存：1天／冷凍保存：1個月

切成小塊狀。冷凍的話無須分切，建議要迅速汆燙一下再切成小塊狀。

小塊狀

大蒜
冷藏保存：2～3天／冷凍保存：1個月

切成末。冷凍的話，裝袋之後要薄薄地攤平開來才方便使用。

切成末

小番茄
冷藏保存：3～4天／冷凍保存：1個月

去蒂後直接保存。冷凍後的小番茄容易變形，所以要加入湯品等料理當中。

去蒂

毛豆
冷藏保存：1～2天／冷凍保存：1個月

用加了鹽的熱水迅速汆燙一下，再連同豆莢一起保存。冷凍的話最好也要先汆燙一下。

汆燙

> 切好備用之後，就會想要積極攝取蔬菜囉～

預先備妥綜合蔬菜＆綜合菇類

將剩餘的蔬菜及菇類裝成一袋，當作「備用綜合包」。
想在料理中添加各種蔬菜時，就會非常好用。

綜合西式蔬菜

冷藏保存：1～2天／冷凍保存：1個月

非常適合搭配烤肉或烤魚，
也可以加進咖哩中。

作法

將需要的甜椒（黃、切成 2cm 大的塊狀）、櫛瓜（切成 5mm 寬的扇形）、洋蔥（切成 1cm 寬的月牙形）裝入袋中。

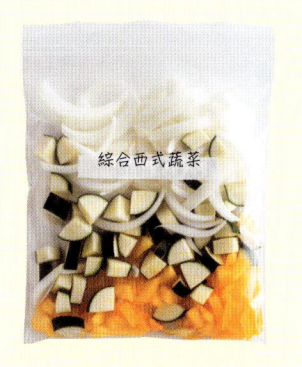

綜合熱炒蔬菜

冷藏保存：1～2天／冷凍保存：1個月

除了熱炒料理之外，
也推薦用來煮成湯。

作法

將需要的高麗菜（切成大塊）、紅蘿蔔（切成條狀）、青椒（切成絲）裝入袋中。

綜合切絲蔬菜

冷藏保存：1～2天／冷凍保存：1個月

五顏六色，
適合各式料理的萬能組合。

作法

將需要的紅蘿蔔、青椒、洋蔥（全部切成絲）裝入袋中。

綜合菇類

冷藏保存：2～3天／冷凍保存：1個月

方便使用的綜合菇類，
可以加進紙包料理或是熱炒料理當中。

作法

將需要的香菇、金針菇、鴻喜菇（去根蒂後，撕開或切成適口大小）裝入袋中。

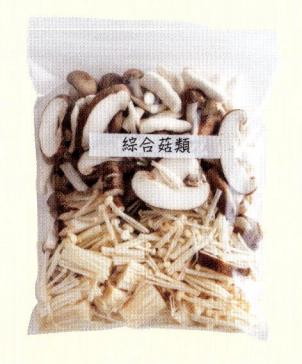

綜合絞肉

SHINO 動手做 — 西式漢堡醃肉

只要有這款基本醃肉，就可以快速做出孩子愛吃的漢堡排。
調味很單純，還可以依照個人喜好添加香料。

材料（1袋份）

綜合絞肉…300g

A
- 蛋…1個
- 麵包粉…1/2 杯
- 牛奶…2 大匙
- 鹽、胡椒、肉豆蔻…各少許

作法

1. 將 A 倒入冷凍保鮮袋中混合均勻，再加入絞肉並以料理筷攪拌一下。
2. 壓平後擠出空氣，再將袋口緊閉。用料理筷壓出 3 等份的壓痕再冷凍。

紅、黃、綠的彩色蔬菜，形成可愛的橫切面

五彩蔬菜肉捲

解凍

做成肉捲後，不愛吃蔬菜的孩子也能輕鬆吃下肚！

材料（2人份）

- 西式漢堡醃肉…1 袋
- 甜椒（紅、黃）…各 1/4 個
- 四季豆…2 根
- 沙拉油…1/2 大匙
- 紅葉萵苣（撕碎）、中濃醬（依個人喜好）…各適量

作法

1. 「西式漢堡醃肉」預先移至冷藏室，或是放在流水下解凍。甜椒縱切成 6 等份。四季豆切去兩端再分別切成 3 等份長，用加了少許鹽（材料分量外）的熱水燙熟後，泡在流水中再將水分瀝乾。

2. 1 的絞肉分成 6 等份後，將 1 份絞肉於手掌上攤平成橢圓形，分別放上 1 根甜椒（紅、黃）及四季豆後，用手包起來並整型成棒狀。一共要製作 6 條。

3. 在平底鍋中塗上一層沙拉油，倒入 2、2 大匙水（材料分量外）後蓋上鍋蓋，以中小火蒸煮。中途翻面並將全部肉捲煮熟。

4. 等到肉和蔬菜熟透後盛盤，再搭配上紅葉萵苣。最後依個人喜好加上中濃醬。

烹調時間（自解凍後）20 分鐘

Point

作法 2 的絞肉，要攤平成可以包入 2 根手指份的大小。

> 可以吃到大量肉類及蔬菜的單人套餐，在忙碌的日子大為受用！

烹調時間 20 分鐘

肉已經預先醃好，所以少量調味料就夠味又好吃！
超下飯印度肉末咖哩

材料（2人份）

西式漢堡醃肉…1 袋
洋蔥、甜椒（黃）…各 1/4 個
櫛瓜…1/2 根
大蒜…1 瓣
橄欖油…1 大匙
A｜番茄醬、中濃醬…各 2 大匙
　｜咖哩粉…1～2 大匙
　｜　※ 辣度依個人喜好調整
　｜熱飯…2 碗份

作法

1. 洋蔥、甜椒切成 2cm 大的塊狀，櫛瓜切成 5mm 寬的扇形，大蒜切成末。

2. 在平底鍋中塗上一層橄欖油，倒入 **1** 的大蒜後以小火加熱，爆香之後轉成中火，再加入洋蔥拌炒。等到洋蔥炒軟之後，加入「西式漢堡醃肉」、1 大匙水（材料分量外）後蓋上鍋蓋，加以蒸煮。

3. 等到肉變色之後打開鍋蓋，邊炒邊將肉鬆開。加入 **1** 的甜椒、櫛瓜，再加入攪拌均勻的 **A**，並煮至全部食材入味為止。

4. 分別將 1 人份的飯盛盤，再淋上 **3**。

綜合絞肉

Tatsuya 動手做

麻婆味噌醃肉

重點在於豆瓣醬的刺激辛辣味。由於醃料的味道偏重，所以無須調味也能烹調出充滿變化的料理。

材料（1袋份）

綜合絞肉…300g
A│味噌…1又1/2大匙
　│味醂…1大匙
　│豆瓣醬…1大匙

作法

1. 將 A 倒入冷凍保鮮袋中混合均勻，再加入絞肉並以料理筷攪拌一下。

2. 壓平後擠出空氣，再將袋口緊閉。用料理筷壓出 3 等份的壓痕再冷凍。

爽脆口感實在很有意思

和風味噌蓮藕漢堡排

〈解凍〉

材料（2人份）

麻婆味噌醃肉…1袋
蓮藕…1/3節
獅子椒…2根
太白粉…1大匙
沙拉油…1大匙

> 肉餡十足入味，無須醬汁的漢堡排。放涼後也好吃，最適合當作便當菜。

作法

1. 「麻婆味噌醃肉」預先移至冷藏室，或是放在流水下解凍。蓮藕切成 2〜3mm 厚的圓片狀，泡在水中 5 分鐘左右再將水分擦乾，並在兩面撒上太白粉。獅子椒要劃出刀痕。

2. 將 1 的絞肉分成 6〜8 等份後滾圓。將 1 的蓮藕分成 2 片為 1 組，分別夾住肉餡。一共要製作 6〜8 個。

3. 在平底鍋中塗上一層沙拉油，倒入 2、2 大匙水（材料分量外）後蓋上鍋蓋，以中小火蒸煮。中途翻面，並加入 1 的獅子椒，煎至肉熟透為止再盛盤。

烹調時間（自解凍後）20 分鐘

Point

蓮藕要確實沾上太白粉，加熱之後才不容易剝落。用蓮藕將肉夾起來後，須用力地壓一壓，讓肉餡塞進蓮藕的孔洞中。

> 加熱時間短暫,可以馬上應付「肚子好餓～」的催促聲!

烹調時間
10 分鐘

將容易熟透的絞肉加上油豆腐快速炒一炒

油豆腐炒麻婆味噌肉燥

材料（2人份）

麻婆味噌醃肉…1袋
油豆腐…2片
青蔥…10cm
大蒜…1瓣
麻油…1大匙

作法

1. 青蔥、大蒜切成末。

2. 在平底鍋中塗上一層麻油，倒入 1 後以小火加熱炒一炒。爆香之後轉成中火，加入「麻婆味噌醃肉」、1大匙水（材料分量外）後蓋上鍋蓋蒸煮。

3. 等到肉變色之後將鍋蓋打開，邊炒邊將肉鬆開。油豆腐撕碎後加入鍋中，再拌炒均勻。等到全部食材入味後盛盤。

Point

油豆腐用手撕開剖面才會增加，讓味道容易滲透進去。

豬絞肉

SHINO 動手做

鹽麴醃肉

調味只靠鹽麴,所以前置作業非常簡單。
藉由鹽麴除去肉腥味,豬肉的鮮味和甜味就會釋放出來。

材料(1袋份)

- 豬絞肉…300g
- 鹽麴…2 大匙

作法

1. 將所有材料倒入冷凍保鮮袋中搓揉均勻。
2. 壓平後擠出空氣,再將袋口緊閉。用料理筷壓出 3 等份的壓痕再冷凍。

鹽麴的鹽味可以釋放出肉與洋蔥的甜味

洋蔥鹽麴肉燥味噌湯

> 絞肉大略鬆開後還是口感十足,非常好吃!

材料(2人份)

- 鹽麴醃肉…1/3 袋
- 洋蔥…1/4 個
- 沙拉油…2 小匙
- 高湯…3 杯
- 味噌…2 大匙
- 七味唐辛子(依個人喜好)…適量

作法

1. 洋蔥沿著纖維切成薄片。
2. 在平底鍋中塗上一層沙拉油,倒入「鹽麴醃肉」、1 大匙水(材料分量外)後蓋上鍋蓋蒸煮。
3. 等到肉變色之後打開鍋蓋,邊炒邊將肉鬆開。加入 1 再拌炒一下,接著倒入高湯。等到洋蔥變軟之後熄火,加入味噌化開。
4. 用小火加熱升溫之後,分別將 1 人份的湯盛入碗中,再依個人喜好撒上七味唐辛子。

烹調時間 **10 分鐘**

TATSUYA:絞肉的鮮味最迷人了!

SHINO:將肉加進味噌湯裡,感覺更豐盛。

> 等到豆苗變成鮮綠色就完成。大略拌炒一下，保留爽脆口感。

烹調時間
10 分鐘

豆苗的爽脆感與大蒜的香氣實在誘人！
麻油炒豆苗鹽麴肉燥

材料（2人份）

鹽麴醃肉…2/3 袋
豆苗…1 包
麻油、大蒜（磨成泥）、熟芝麻（白）
　…各 1 小匙

作法

1. 豆苗去根後切成 3～4cm 長。
2. 將麻油、大蒜倒入平底鍋中以小火加熱，爆香之後轉成中火。倒入「鹽麴醃肉」、1 大匙水（材料分量外）後蓋上鍋蓋蒸煮。
3. 等到肉變色之後將鍋蓋打開，邊炒邊將肉鬆開。加入 1 拌炒，等到全部食材熟透後盛盤，並撒上芝麻。

豬絞肉

Tatsuya 動手做

蠔油醃肉

利用醬油與蠔油濃郁的強勁風味加以醃漬。
即使炒成肉燥也很有存在感，配飯或麵都會讓人停不下來！

材料（1袋份）

豬絞肉…300g
A｜蠔油…2大匙
　｜醬油…1大匙

作法

1. 將 **A** 倒入冷凍保鮮袋中混合均勻，再加入絞肉並以料理筷攪拌一下。

2. 壓平後擠出空氣，再將袋口緊閉。用料理筷壓出3等份的壓痕再冷凍。

只須簡單炒一炒放在飯上即可！

嫩蛋蠔油肉燥蓋飯

> 軟嫩的蛋再搭配上肉燥，盡情享受不同的口感！

材料（2人份）

蠔油醃肉…1袋
青椒…2個
蛋…2個
美乃滋…1大匙
鹽…少許
麻油…2小匙
熱飯…2碗份

作法

1. 青椒切成絲。將蛋、美乃滋、鹽倒入調理盆中混合均勻。

2. 在平底鍋中塗上1小匙麻油後以中火加熱，倒入 **1** 的蛋液再大力攪拌，煮成軟嫩的炒蛋。然後暫時取出。

3. 將 **2** 的平底鍋稍微擦一下，再塗上1小匙麻油。倒入「蠔油醃肉」、1大匙水（材料分量外）後蓋上鍋蓋蒸煮。

4. 等到肉變色之後打開鍋蓋，邊炒邊將肉鬆開。加入 **1** 的青椒拌炒均勻，將全部食材煮熟。

5. 分別將1人份的飯盛入碗中，再放上 **4**、**2**。

Point
蛋倒入鍋中之後，要等到表面冒出泡泡為止。藉由美乃滋能讓蛋變得十分軟嫩。

烹調時間 **15分鐘**

拌炒絞肉的時候，可依個人喜好加入豆瓣醬。剩下的蛋白，可以煮成蛋花湯等料理。

加入多一點大蒜展現衝擊力
台式拌麵

烹調時間 20 分鐘

材料（2人份）

蠔油醃肉…1袋
大蒜…1瓣
韭菜…1/2把
柴魚片…1包（5g）
中式油麵…2球
麻油…1小匙
海苔絲…適量
蛋黃…2個份

作法

1. 大蒜切成末，韭菜切成4cm長。柴魚片直接裝在袋中揉碎成粉末狀。

2. 中式油麵依照袋上標示煮熟，泡在流水中去除黏液，再將水分瀝乾。拌入少許麻油（材料分量外），分成1人份盛盤。

3. 在平底鍋中倒入麻油、1的大蒜後以小火加熱，爆香之後轉成中火，加入「蠔油醃肉」、1大匙水（材料分量外）後蓋上鍋蓋蒸煮。

4. 等到肉變色之後打開鍋蓋，邊炒邊將肉鬆開。然後放在2上，並依序放上1的韭菜、海苔絲、柴魚，中央再分別擺上1個蛋黃。

Point

加入柴魚粉末取代魚粉，會呈現出更正統的風味。柴魚片只要連同袋子揉一揉，就能輕鬆揉碎成粉末狀。

雞絞肉

SHINO 動手做
雞粉醃肉

想吃中式配菜時，這款冷凍常備肉是最佳選擇。
雞肉一經加熱鮮味就會釋放出來。

材料（1 袋份）

雞絞肉…300g
A｜ 酒、太白粉…各 1 大匙
　　醬油、雞粉…各 1 小匙
　　胡椒…少許

作法

1. 將 A 倒入冷凍保鮮袋中混合均勻，再加入絞肉並以料理筷攪拌一下。
2. 壓平後擠出空氣，再將袋口緊閉。用料理筷壓出 3 等份的壓痕再冷凍。

絞肉的鮮味會瞬間散發出來！
薑汁雞肉丸子湯

〈解凍〉

> 還可以加入愛吃的蔬菜，例如紅蘿蔔或小松菜！也十分推薦用雞肉丸子當作火鍋料。

材料（2 人份）

雞粉醃肉…2/3 袋
韭菜…1～2 根
菇類（香菇、鴻喜菇、金針菇等等）…100g
A｜ 水…4 杯
　　雞粉…1 大匙
　　醬油…1 小匙
　　薑（磨成泥）…1/2 小匙
鹽、胡椒…各少許
麻油…1 小匙

作法

1. 分量內的「雞粉醃肉」預先移至冷藏室，或是裝進塑膠袋泡在流水下解凍。韭菜切成 3～4cm 長。菇類去根後撕開，或是切成適口大小。
2. 將 A 倒入鍋中以大火加熱，煮滾後將 1 的絞肉分別用湯匙舀出一口的分量，並利用 2 根湯匙整型成丸子狀後放入鍋中。
3. 等到肉丸子浮起後，加入 1 的菇類、韭菜煨煮。煮到菇類熟透之後，用鹽、胡椒調味，並以繞圈方式倒入麻油。
4. 將 3 分成 1 人份盛盤。還可依個人喜好撒上粗粒黑胡椒。

烹調時間（自解凍後）**15 分鐘**

Point 絞肉只要用湯匙塑型，烹調時就不會弄髒手。

> 充滿濃稠醬汁的配菜，在寒冷時節能讓身體由內而外暖起來。淋在飯上也很好吃喔！

烹調時間 15 分鐘

發揮生薑效果的清爽口味
中式雞肉燥澆汁豆腐

材料（2人份）

雞粉醃肉…2/3 袋
豆腐（嫩豆腐）…300g
青蔥…10cm
薑…1 小塊
麻油…1 小匙
水…3/4 杯
雞粉…1 小匙
A｜水…2 小匙
　｜太白粉…1 小匙
萬用蔥（切成蔥花）…適量

作法

1. 豆腐切成一口大小。青蔥、薑切成末。

2. 在平底鍋中倒入麻油、**1** 的青蔥、薑後以中火加熱，爆香之後轉成中火，加入「雞粉醃肉」、1 大匙水（材料分量外）後蓋上鍋蓋蒸煮。

3. 等到肉變色之後邊炒邊將肉鬆開，再加入水、雞粉拌勻，並加入 **1** 的豆腐燜煮。

4. 等到全部食材入味後暫時熄火，以繞圈方式倒入混合均勻的 **A** 再拌炒一下，然後用小火加熱。等到湯汁變濃稠後盛盤，撒上萬用蔥。

雞絞肉

Tatsuya 動手做
東南亞風味醃肉

轉眼間就能完成異國料理。
魚露的鮮味加上濃郁的蠔油營造出深奧的風味。

材料（1袋份）

雞絞肉…300g
A｜蠔油、魚露…各1大匙
　｜砂糖…1/2小匙

作法

1 將 A 倒入冷凍保鮮袋中混合均勻，再加入絞肉並以料理筷攪拌一下。

2 壓平後擠出空氣，再將袋口緊閉。用料理筷壓出3等份的壓痕再冷凍。

加入五顏六色的蔬菜更顯豪華！
打拋飯

> 內含魚露及羅勒，香氣豐沛的一道料理。如果沒有羅勒，也可以加入紫蘇葉來取代！

材料（2人份）

東南亞風味醃肉…1袋
青椒…2個
甜椒（紅、黃）…各1/4個
沙拉油…適量
麻油…1小匙
蛋…2個
羅勒葉…10片

作法

1 青椒、甜椒切成1cm大的塊狀。

2 將2～3大匙沙拉油倒入平底鍋中以中火加熱，再打入蛋煎成荷包蛋，取出盛盤。

3 將 2 的平底鍋稍微擦一下，再塗上1小匙麻油，然後倒入「東南亞風味醃肉」、1大匙水（材料分量外）後蓋上鍋蓋蒸煮。

4 等到肉變色之後打開鍋蓋，邊炒邊將肉鬆開。再加入 1 拌炒均勻。等到蔬菜變軟之後，加入羅勒葉稍微拌炒均勻。

5 分別將1人份的飯盛入碗中，再放上 4、2。

烹調時間 20分鐘

Point
荷包蛋用多一點油下去煎，周圍才會煎得酥脆。

> 藉由香菜的風味更加突顯出異國風情！請擠上檸檬汁後再享用～

將泰式涼拌冬粉變化成家常菜

異國雞肉燥冬粉沙拉

解凍

烹調時間（自解凍後）
15分鐘

材料（2人份）

東南亞風味醃肉…1袋
冬粉…80g
紫洋蔥、甜椒（黃）
　…各1/4個
小番茄…5～6個
大蒜…1瓣
香菜…2～3根
沙拉油…2大匙
A｜檸檬汁…1大匙
　｜鹽、胡椒…各少許
檸檬（切成月牙形）
　…適量

作法

1　冬粉用水泡發，切成方便食用的長度後將水分瀝乾。紫洋蔥沿著纖維切成薄片，甜椒切成絲。小番茄切成一半，大蒜切成末。香菜去莖後切成適口大小。

2　將沙拉油、**1**的大蒜倒入平底鍋中以小火加熱，爆香之後轉成中火，加入「東南亞風味醃肉、1大匙水（材料分量外）再蓋上鍋蓋蒸煮。

3　將**1**的冬粉、紫洋蔥、甜椒、小番茄、**2**、**A**倒入調理盆中混合均勻。

4　將**3**盛盤，再放上**1**的香菜，並搭配上檸檬。

鮭魚

SHINO 動手做

大蒜油醃魚

用發揮大蒜風味的橄欖油為基底預先調味。
油漬過後,即使冷凍也能保持鮭魚的口感及美味度。

材料(1袋份)

鮭魚(切片)…2片
A │ 紅辣椒(切成圓片)…1/2 根
　　酒、橄欖油…各1大匙
　　大蒜(磨成泥)…1/2 小匙
　　鹽…少許

作法

1. 鮭魚擦去多餘的水分,再去除較大的魚刺後切成3等份。

2. 將 A 倒入冷凍保鮮袋中混合均勻,再加入 1 輕柔地搓揉入味。壓平後擠出空氣,再將袋口緊閉。

調味僅靠胡椒鹽的絕品美味!

義式鮭魚炒青花菜

材料(2人份)

大蒜油醃魚…1袋
青花菜…1/4 個(100g)
馬鈴薯…2 個(200g)
橄欖油…1 大匙
鹽、胡椒…各少許

作法

1. 青花菜分成小朵,再過水一下。馬鈴薯切成一口大小的滾刀塊,泡水後再將水分瀝乾。

2. 將 1 倒入耐熱容器中鬆鬆地蓋上保鮮膜,以微波爐(600W)加熱 3〜4 分鐘。

3. 在平底鍋中塗上一層橄欖油,倒入「大蒜油醃魚」、2、1 大匙水(材料分量外)後蓋上鍋蓋,以中小火蒸煮。

4. 煮到鮭魚熟透之後,以鹽、胡椒調味後盛盤。

> 蔬菜先微波加熱再倒入平底鍋即可節省時間。讓馬鈴薯也能煮得鬆軟可口!

烹調時間 **15 分鐘**

> 義大利麵可挑選個人喜歡的粗細度。煮麵時間須比袋上標示時間短 1 分鐘。

善用醃料的大蒜和辣椒，輕鬆完成

鮭魚菠菜義大利麵

烹調時間 20 分鐘

材料（2 人份）

大蒜油醃魚…1 袋
菠菜…1/2 把
洋蔥…1/4 個
義大利麵（煮7分鐘）
　…160～200g
橄欖油…1 大匙
鹽、胡椒…各少許

作法

1. 菠菜燙熟後，切成 3～4cm 長。洋蔥沿著纖維切成薄片。將一大鍋水煮滾，煮義大利麵時須比袋上標示短 1 分鐘。

2. 在平底鍋中塗上一層橄欖油，倒入「大蒜油醃魚」、1 大匙水（材料分量外）後蓋上鍋蓋，以中小火蒸煮。

3. 煮到鮭魚變色之後打開鍋蓋將魚肉鬆開，再加入 **1** 的菠菜、洋蔥拌炒均勻，並以鹽、胡椒調味。加入 **1** 的義大利麵攪拌一下，再分成一人份後盛盤。

Point

鮭魚要用木鏟等工具鬆開成大塊魚肉才能突顯出口感。較大的魚刺要在此時去除。

鮭魚

Tatsuya 動手做

味噌奶油醃魚

單用味噌醃漬就很好吃了，另外再加上奶油增添濃郁度。調味料的分量一致，方便記憶。

材料（1袋份）

鮭魚（切片）…2片
A｜味噌、酒、味醂…各1大匙
　｜鹽…少許
奶油（切成一半）…20g

作法

1. 鮭魚擦去多餘的水分，再去除較大的魚刺。
2. 將 A 倒入冷凍保鮮袋中混合均勻，再加入 1 輕柔地搓揉入味，並加入奶油。壓平後擠出空氣，再將袋口緊閉。

從一道料理中充分攝取到魚和蔬菜！

鮭魚鏘鏘燒

享用時將鮭魚肉大略鬆開，再連同蔬菜一起裹上味噌醬汁大快朵頤吧！

材料（2人份）

味噌奶油醃魚…1袋
綜合熱炒蔬菜（高麗菜、紅蘿蔔、青椒）…200g
沙拉油…1小匙
萬用蔥（切成蔥花）…1～2根

作法

1. 高麗菜大略切碎，紅蘿蔔切成條狀，青椒切成絲。
2. 在平底鍋中塗上一層沙拉油，依序放上 1、「味噌奶油醃魚」、1大匙水（材料分量外）後蓋上鍋蓋，以中小火蒸煮。
3. 等到全部食材熟透後，再撒上萬用蔥。

烹調時間 10 分鐘

Point

將鮭魚擺在蔬菜上，讓鮭魚的鮮味與醬汁遍布所有蔬菜。此外還有一個優點，就是鮭魚不會煮過頭而能呈現出鬆軟口感。所有的蔬菜量只要有 200g 即可。

> 前置作業只須5分鐘左右！接下來交給烤箱就行了。

烹調時間
15分鐘

利用烤箱輕鬆烹調！
紙包味噌鮭魚百菇

材料（2人份）

味噌奶油醃魚…1袋
菇類（香菇、鴻喜菇、
　金針菇等）…100g
玉米罐頭（整顆玉米）
　…50g
萬用蔥（切成蔥花）
　…1〜2根

作法

1. 菇類去根後撕開，或是切成適口大小。

2. 將鋁箔紙打開，依序分別將一半分量的**1**、「味噌奶油醃魚」、玉米放上去，並妥善包好。一共要製作2組。

3. 將**2**放入烤箱（1000W）中，烤約10分鐘直到鮭魚熟透為止。打開鋁箔紙的開口，再撒上萬用蔥。

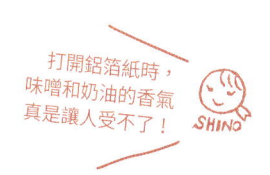

> 打開鋁箔紙時，味噌和奶油的香氣真是讓人受不了！ SHINO

> 鋁箔紙的開口要確實緊閉！ TATSUYA

鱈魚

SHINO 動手做

柚子胡椒醃魚

讓柚子胡椒發揮辛辣效果的日式醃料。鱈魚如要去除腥味，須用鹽醃漬釋出水分，將水分擦乾後放入醃料中。

材料（1 袋份）

鱈魚（切片）…2 片
鹽…少許
A｜醬油…2 大匙
　｜酒、味醂…各 1 大匙
　｜柚子胡椒…1 小匙

作法

1. 鱈魚撒上鹽，再將多餘的水分擦乾。
2. 將 A 倒入冷凍保鮮袋中混合均勻，再加入 1 輕柔地搓揉入味。壓平後擠出空氣，再將袋口緊閉。

經過預先調味的魚肉會變得鬆軟可口

柚子胡椒鱈魚佐爽口泡菜

> 香氣迷人的醬油，加上柚子胡椒的香味實在讓人受不了！一定要搭配白飯一起享用。

材料（2 人份）

柚子胡椒醃魚…1 袋
白菜…200g
紅蘿蔔…20g
小黃瓜…1 根
A｜麻油…2 小匙
　｜醋、熟芝麻（白）…各 1 大匙
　｜鹽…少許

作法

1. 白菜切成絲，紅蘿蔔切成條狀，小黃瓜縱切成一半後再斜切成薄片。
2. 將 1、A 倒入塑膠袋中搓揉入味。
3. 「柚子胡椒醃魚」用燒烤爐烤 10～15 分鐘至熟透為止。
4. 將 3 盛盤，再搭配上 2。

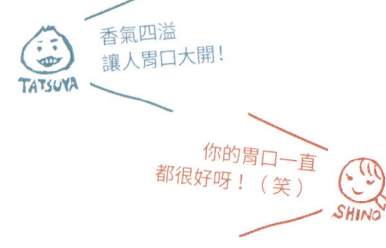

烹調時間 20 分鐘

TATSUYA：香氣四溢讓人胃口大開！

SHINO：你的胃口一直都很好呀！（笑）

> 鱈魚已經充分醃漬入味，所以澆汁要煮成溫和的口味。

澆汁靠麵味露就能輕鬆完成！
柚子胡椒鱈魚佐彩蔬澆汁

烹調時間 **20分鐘**

材料（2人份）

柚子胡椒醃魚…1袋
洋蔥…40g
紅蘿蔔、青椒…各30g
沙拉油…2小匙
A│水…1/2杯
 │麵味露（2倍濃縮）…2大匙
B│水…2小匙
 │太白粉…1小匙

作法

1. 洋蔥、紅蘿蔔、青椒切成絲。

2. 「柚子胡椒醃魚」用燒烤爐烤10～15分鐘至熟透為止。

3. 在平底鍋中塗上一層沙拉油以中火加熱，再倒入 **1** 拌炒。等到蔬菜變軟之後再加入 **A** 煨煮。

4. 煮到表面冒泡後先暫時熄火，以繞圈方式倒入混合均勻的 **B** 再攪拌一下，並以小火加熱煮至濃稠。

5. 將 **2** 盛盤，再淋上 **4**。

鱈魚

Tatsuya 動手做
咖哩美乃滋醃魚

清淡的鱈魚藉由咖哩風味，變成誘人食慾的重口味。
再靠美乃滋的油脂呈現濕潤口感。

材料（1袋份）
鱈魚（切片）…2片
鹽…少許
A｜美乃滋…2大匙
　｜咖哩粉…1/2小匙

作法
1. 鱈魚撒上鹽，再將多餘的水分擦乾。
2. 將 A 倒入冷凍保鮮袋中混合均勻，再加入 1 輕柔地搓揉入味。壓平後擠出空氣，再將袋口緊閉。

鋪上起司呈現溫潤口感
鱈魚馬鈴薯咖哩起司燒

> 清淡的鱈魚才能強調出咖哩風味！咖哩味十足的馬鈴薯也是絕頂美味。

材料（2人份）
咖哩美乃滋醃魚…1袋
四季豆…2根
馬鈴薯…2個（200g）
橄欖油…適量
鹽、胡椒…各少許
披薩用起司…60g

作法
1. 四季豆切成 4cm 長，在熱水中加入少許鹽（材料分量外）後汆燙 2 分鐘，再將水分瀝乾。馬鈴薯切成 1cm 寬的圓片狀，放入耐熱容器中鬆鬆地蓋上保鮮膜，再以微波爐（600W）加熱 3～4 分鐘。
2. 在可放入烤箱的耐熱容器裡塗上薄薄一層橄欖油，依序放上 1 的馬鈴薯、「咖哩美乃滋醃魚」、四季豆，撒上鹽、胡椒，再放上起司。放入烤箱（1000W）中，烤 10～15 分鐘直到鱈魚熟透為止

烹調時間 20分鐘

Point
鱈魚的魚皮要朝上放入，烤熟後才會又酥又香。

> 鱈魚已經完全入味，所以撒在蔬菜上的胡椒鹽要少一點，味道才會剛剛好！

適合配麵包也能配飯吃的西式配菜

嫩煎咖哩美乃滋鱈魚佐彩蔬

烹調時間 **20 分鐘**

材料（2人份）

咖哩美乃滋醃魚…1 袋
綜合西式蔬菜（黃甜椒、洋蔥、櫛瓜）…100g
鹽、胡椒…少許

作法

1. 甜椒切成 2cm 大的塊狀，洋蔥切成 1cm 寬的月牙形，櫛瓜切成 5mm 寬的扇形。

2. 在可放入烤箱的耐熱容器裡鋪上鋁箔紙，再放入「咖哩美乃滋醃魚」、1，撒上鹽、胡椒。放入烤箱（1000W）中，烤 10～15 分鐘直到鱈魚熟透為止

3. 將 2 的蔬菜、鱈魚依序盛盤。

> 比起用平底鍋煎，交給烤箱更不容易燒焦，也能烤得很漂亮喔！

蝦子

SHINO 動手做

鹽蒜油醃蝦

將大蒜風味輕鬆做變化的簡單調味。
蝦子被油脂包覆，所以不容易乾柴。

材料（1袋份）

蝦子…200g
A｜橄欖油…2大匙
　｜大蒜（切成末）、酒…各1大匙
　｜鹽、胡椒…各少許

作法

1. 蝦子去殼後洗乾淨，再將水分擦乾。
2. 將 A 倒入冷凍保鮮袋中混合均勻，再加入 1 搓揉入味。壓平後擠出空氣，再將袋口緊閉。

搭配青花菜更加色彩繽紛

蒜味蝦

醃料已經內含橄欖油，所以加熱時無須塗油。

材料（2人份）

鹽蒜油醃蝦…1袋
青花菜…100g
檸檬（切成扇形）…適量

作法

1. 青花菜分成小朵的一口大小，過水一下再放入耐熱容器中。撒上少許鹽（材料分量外），再鬆鬆地蓋上保鮮膜並以微波爐（600W）加熱2分鐘左右。
2. 將「鹽蒜油醃蝦」、水倒入平底鍋中再蓋上鍋蓋，以中小火蒸煮2分鐘左右。
3. 等到蝦子變色之後打開鍋蓋迅速拌炒均勻。盛盤後搭配上檸檬。

蝦子變色之後，再迅速炒一下，讓蝦子煮熟。蝦子不能炒得太熟，才能保留彈脆口感。

烹調時間 **15分鐘**

> 豐盛的沙拉除了當作前菜之外，也十分推薦用來作為下酒菜。搭配啤酒或紅酒都很美味。

烹調時間 **20分鐘**

紅、白、黃、綠，顏色鮮豔的時尚溫沙拉

水煮蛋鮮蝦沙拉

材料（2人份）

鹽蒜油醃蝦…1袋
四季豆…2根
水煮蛋…2個（去殼）
紅葉萵苣…2～3片
檸檬汁…1小匙

作法

1. 四季豆斜切成 3～4cm 長，在熱水中加入少許鹽（材料分量外）後汆燙 2 分鐘，再將水分瀝乾。水煮蛋切成適口大小。紅葉萵苣用手撕成一口大小。

2. 將「鹽蒜油醃蝦」倒入平底鍋中再蓋上鍋蓋，以中小火蒸煮 2 分鐘左右。

3. 等到蝦子變色之後打開鍋蓋加入 **1** 的四季豆，再迅速拌炒均勻。

4. 將 **3**、**1** 的紅葉萵苣、檸檬汁倒入調理盆中迅速拌勻後盛盤。最後放上 **1** 的水煮蛋。

蝦子

Tatsuya 動手做
甜辣醬醃蝦

以番茄醬為基底，加入豆瓣醬調成甜辣口味。
豆瓣醬可多可少，調整成個人喜歡的辣度。

材料（1袋份）

蝦子…200g
A│番茄醬…2大匙
 │酒…1大匙
 │砂糖、豆瓣醬…各1小匙
 │鹽、胡椒…各少許

作法

1. 蝦子去殼後洗乾淨，再將水分擦乾。
2. 將 A 倒入冷凍保鮮袋中混合均勻，再加入 1 搓揉入味。壓平後擠出空氣，再將袋口緊閉。

發揮薑與大蒜的特色，呈現正統風味
干燒蝦仁

> 不花時間就能煮出受人歡迎的配菜，這全是冷凍常備肉的功勞！

材料（2人份）

甜辣醬醃蝦…1袋
青蔥…1/2根
薑、大蒜…各1小塊
麻油…1大匙
A│水…1/2杯
 │雞粉…1小匙
B│水…2小匙
 │太白粉…1小匙

作法

1. 青蔥、薑、大蒜切成末。
2. 將麻油、1 倒入平底鍋中以中小火加熱，爆香之後轉成中火，再加入「甜辣醬醃蝦」後蓋上鍋蓋蒸煮。
3. 等到蝦子變色之後打開鍋蓋，再加入 A 煮約 2 分鐘直到蝦子熟透為止。
4. 暫時熄火，將混合均勻的 B 以繞圈方式倒入鍋中攪拌一下，再以小火加熱。煮到湯汁變濃稠後盛盤。

烹調時間 15 分鐘

> 加入雞粉增添鮮味，與豆瓣醬的辣味相得益彰，讓人大大滿足的一道菜！

烹調時間 15 分鐘

豆瓣醬的辣味令人回味無窮
美味蝦仁蛋炒飯

材料（2人份）
甜辣醬醃蝦…1 袋
蛋…2 個（打散）
青蔥…1/2 根
麻油…1 又 1/3 大匙
熱飯…400g
雞粉…2 小匙
萬用蔥（切成蔥花）
　…2 根

作法

1. 青蔥切成末。

2. 在平底鍋中塗上 1 大匙麻油後以小火加熱，再倒入 1 拌炒。爆香之後轉成中火，再加入「甜辣醬醃蝦」後蓋上鍋蓋蒸煮。等到蝦子熟透之後先暫時取出盛盤。

3. 多加 1 小匙麻油到同一個平底鍋中以中火加熱，再倒入飯、雞粉拌炒。

4. 炒到飯鬆開之後撥到平底鍋的一邊，將蛋液倒入空出來的地方炒一炒。等到蛋變成半熟狀態之後再與飯拌炒均勻。

5. 全部食材混合之後，將 2 倒回鍋中拌炒一下。分別將 1 人份的飯盛成碗型，再撒上萬用蔥。

Point

將蛋倒進炒飯鍋的另一端同時加熱，就能迅速完成料理，還能減少需要清洗的鍋具。

Column 3

\ 你也可以使用冷凍蔬菜！ /
SHINO & Tatsuya 的省時副菜

SHINO & Tatsuya 夫婦從他們的角度，為大家提供用冷凍蔬菜也能製作的萬能食譜，讓大家在加熱冷凍常備肉時，利用 p.50 切好備用以及完成前置作業的蔬菜與菇類，縮短配菜的料理時間。

\ 與 SHINO 配菜完美搭配！ /
Tatsuya 動手做的副菜

為大家介紹利用 5 分鐘的時間，就能完成的即食副菜。與清淡的 SHINO 配菜搭配在一起，充分享受多樣化的風味。「想在短時間內完成料理時，熱炒會是不錯的選擇。」（Tatsuya）

> 味道濃郁，當下酒菜吃也不錯！

烹調時間 10 分鐘

將培根煎得酥脆，
味道及口感也會變得更豐富

中式辣味蓮藕炒培根

材料（2人份）

蓮藕（切成圓片狀，參考 p.52）…100g
培根（切片）…2片（44g）
紅辣椒…1根
麻油…1大匙
醬油…2小匙
熟芝麻（白）…1小匙

\ 推薦 /
SHINO 的配菜
p.42
暖身暖心的中華火鍋

作法

1. 培根切成 1cm 寬。紅辣椒切成一半。

2. 在平底鍋中塗上一層麻油，倒入 1 以中火拌炒。

3. 等到培根變成金黃色之後，加入蓮藕拌炒。

4. 蓮藕煮熟後，以繞圈方式倒入醬油再拌炒一下。煮到全部食材入味後盛盤，並撒上芝麻。

利用奶油增添濃醇度
青椒炒鮪魚

烹調時間 8 分鐘

材料（2 人份）

青椒（切成一口大小，參閱 p.52）…200g
鮪魚（油漬）…1 罐（70g）
麻油…1 小匙
麵味露（2 倍濃縮）…2 大匙
奶油…15g

作法

1. 在平底鍋中將麻油燒熱，倒入青椒後以中火拌炒。

2. 等到青椒變軟之後，加入瀝乾油分的鮪魚、麵味露、奶油，再稍微拌炒一下後盛盤。

＼ 推薦 SHINO 的配菜 ／
p.54　五彩蔬菜肉捲

搭配微波爐加熱快速料理
馬鈴薯炒火腿

烹調時間 10 分鐘

材料（2 人份）

馬鈴薯…2 個（200g）
烤火腿…2 片
橄欖油…1 大匙
四季豆（切成 3 公分長，參閱 p.51）…20g
高湯粉…1/2 小匙
鹽、粗粒黑胡椒…各少許

＼ 推薦 SHINO 的配菜 ／
p.22　香草嫩炸雞

作法

1. 馬鈴薯切成條狀，放入耐熱容器中鬆鬆地蓋上保鮮膜，再以微波爐（600W）加熱 2 分鐘左右。火腿切成十字。

2. 在平底鍋中將橄欖油燒熱，倒入馬鈴薯、四季豆後以中火拌炒。

3. 等到四季豆變軟之後，再加入火腿拌炒一下，並以高湯粉、鹽、粗粒黑胡椒調味後盛盤。

烹調時間 10 分鐘

拿手的熱炒料理！

三兩下就能完成的自信料理！

Column 3

想和 Tatsuya 的配菜做搭配！
SHINO 動手做的副菜

> 可以不用用到筷子喔～

調味簡單，充分發揮食材的風味。試著和 Tatsuya 重口味的配菜搭配看看吧。「將副菜搭配在一起，同時也要好好地攝取蔬菜！」（SHINO）

烹調時間 **8 分鐘**

利用切好備用的綜合菇類實在好方便♪

百菇炒魩仔魚

材料（2 人份）

綜合菇類（參閱 p.53）…150g
魩仔魚…2 大匙
麻油…1 小匙
醬油…2 小匙

作法

1. 在平底鍋中將麻油燒熱，倒入綜合菇類、魩仔魚後以中火拌炒。

2. 等到全部食材變軟之後，再以繞圈方式倒入醬油，混合均勻後盛盤。

＼ 推薦 Tatsuya 的配菜 ／
p.25 馬鈴薯味噌燉雞

80

享受溫熱的清爽風味
番茄培根湯

材料（2人份）

小番茄（去蒂，參閱 p.52）…5～6 個
培根…2 片（44g）
洋蔥（切成薄片，參閱 p.51）…70g
橄欖油…2 小匙
水…3 杯
高湯塊…2 個
鹽、胡椒…各少許
巴西利（切碎）…適量

作法

1. 培根切成 1cm 寬。
2. 在鍋中將橄欖油燒熱，倒入 **1**、洋蔥後以中火拌炒。
3. 將分量中的水、高湯塊加入 **2** 中，等表面開始冒泡之後再加入小番茄。
4. 用鹽、胡椒調味，分成 1 人份盛盤後撒上巴西利。

烹調時間 **8** 分鐘

\ 推薦 Tatsuya 的配菜 /
p.32　免燉煮也好吃的翅小腿咖哩

可以為餐桌增添色彩
紅蘿蔔芝麻韓式拌菜

烹調時間 **10** 分鐘

材料（2人份）

紅蘿蔔（切成絲，參閱 p.51）…150g
A｜麻油…1 大匙
　｜醬油…2 小匙
　｜芝麻粉（白）…1 小匙
　｜大蒜（磨成泥）…1/3 小匙
　｜鹽…少許

作法

1. 紅蘿蔔迅速過水後放入耐熱容器中。鬆鬆地蓋上保鮮膜，以微波爐（600W）加熱 3～4 分鐘直到變軟為止。
2. 將 **A** 加入 **1** 中拌一拌並盛盤。

\ 推薦 Tatsuya 的配菜 /
p.69　紙包味噌鮭魚百菇

好期待 SHINO 做的飯。

等我一下下喔～

81

Part 2

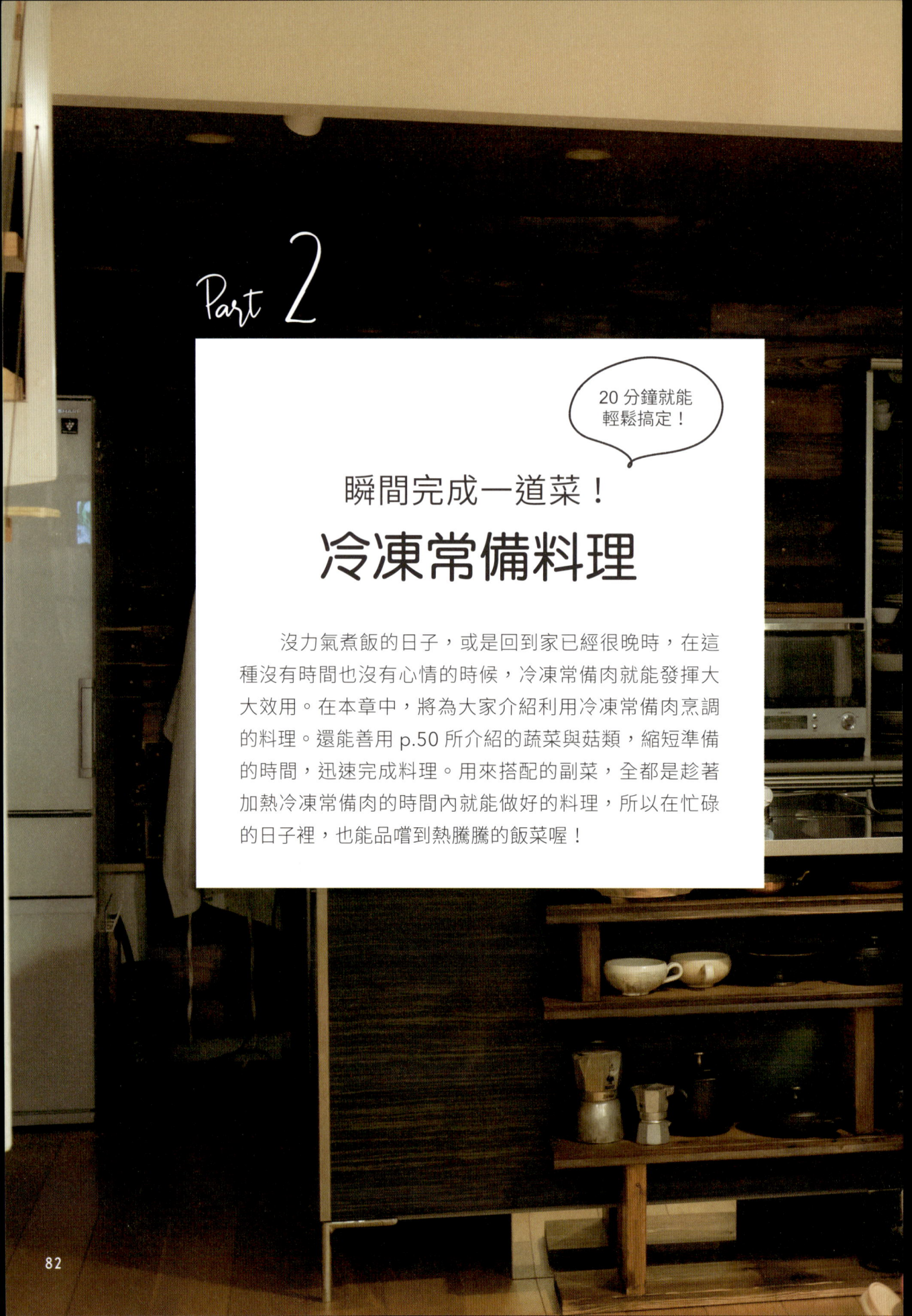

> 20 分鐘就能輕鬆搞定！

瞬間完成一道菜！
冷凍常備料理

　　沒力氣煮飯的日子，或是回到家已經很晚時，在這種沒有時間也沒有心情的時候，冷凍常備肉就能發揮大大效用。在本章中，將為大家介紹利用冷凍常備肉烹調的料理。還能善用 p.50 所介紹的蔬菜與菇類，縮短準備的時間，迅速完成料理。用來搭配的副菜，全都是趁著加熱冷凍常備肉的時間內就能做好的料理，所以在忙碌的日子裡，也能品嚐到熱騰騰的飯菜喔！

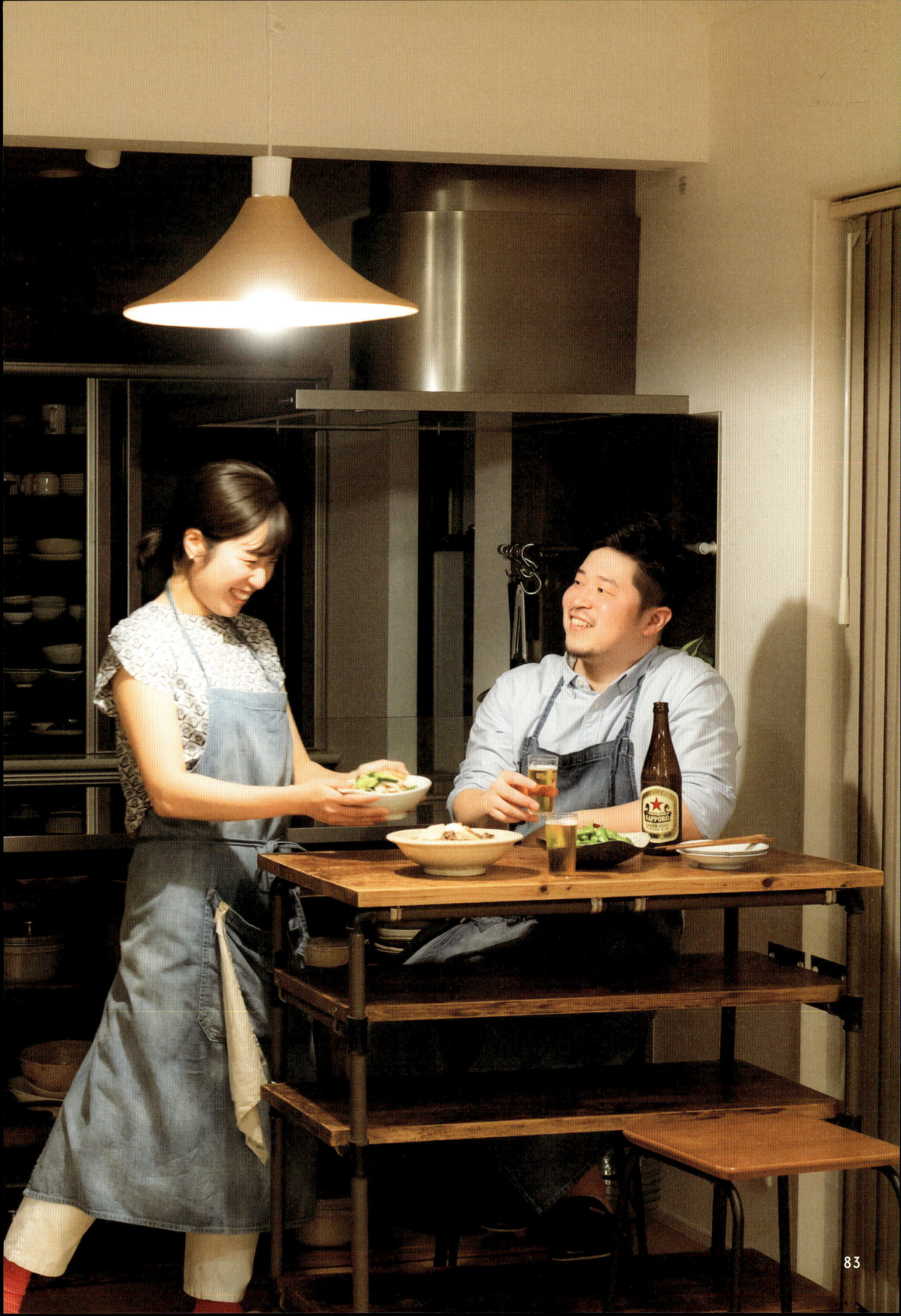
SAPPORO

忙碌工作日的快速料理

在行程滿檔或是晚歸的日子，總會希望能比平常更快地備妥餐點。

「主菜使用冷凍常備肉，副菜則使用快熟或是無需加熱的食材，節省時間。」（Tatsuya）

「分量十足又營養豐富的菜色，在必要時刻真能派上用場。」（SHINO）

只要將微波加熱的秋葵放在豆腐上即可。

大塊雞肉實在分量十足！

善用菇類鮮味的簡單料理。

使用 **照燒醃肉**（請見 p.20）

> 先炒蛋就能減少需要清洗的鍋具喔!

> 忙碌的日子裡，冷凍常備肉更能派上用場!

> 使用很快煮熟的食材，就能迅速完成料理。

照燒雞肉蛋蓋飯

烹調時間 **10 分鐘**

材料（2 人份）
- 照燒醃肉…1 袋
- 蛋…2 個
- 美乃滋…1 大匙
- 鹽、胡椒…各少許
- 沙拉油…3 小匙
- 熱飯…2 碗份
- 水菜…1/3 把

作法
1. 將雞蛋、美乃滋、鹽、胡椒倒入調理盆中攪拌均勻。
2. 在平底鍋中塗上 1 小匙沙拉油後以中火加熱，倒入 1 再用力攪拌，半熟時暫時取出盛盤。
3. 將 2 的平底鍋擦拭一下，再塗上 2 小匙沙拉油，倒入「照燒醃肉」、1 大匙水（材料分量外）後蓋上鍋蓋，以中小火蒸煮。
4. 等到肉變色之後打開鍋蓋將雞肉翻面，煮至熟透為止。
5. 分別將 1 人份的飯盛入碗中，放上 4、2，並用料理剪刀將水菜剪成 3～4cm 長後擺上去。

> 趁著加熱湯和雞肉時，幫涼拌豆腐擺盤。

秋葵涼拌豆腐

烹調時間 **5 分鐘**

材料（2 人份）
- 秋葵（切成小塊，參閱 p.52）…20g
- 豆腐（嫩豆腐）…200g
- 醬油…適量
- 柴魚片…1 包（5g）

作法
1. 將秋葵放入耐熱容器中，鬆鬆地蓋上保鮮膜，以微波爐（600W）加熱 1～2 分鐘直到熟透為止。豆腐切成個人喜好的大小。
2. 將 1 的豆腐、秋葵、柴魚片依序盛盤，享用時再淋上醬油。

> 用剪刀剪水菜，快速又輕鬆♪

百菇海苔湯

烹調時間 **5 分鐘**

材料（2 人份）
- 綜合菇類（參閱 p.53）…100g
- 海苔（撕碎）…全形 1/4 片
- 青蔥（切成蔥花，參閱 p.51）…2 大匙
- 水…3 杯
- 雞粉…2 小匙
- 醬油…1 小匙
- 鹽、胡椒…各少許

作法
1. 將分量中的水倒入鍋中以大火加熱。等到熱水沸騰之後加入雞粉攪拌均勻，並放入綜合菇類、青蔥。
2. 等到蔬菜變軟之後，用醬油、鹽、胡椒調味，再盛入碗中並放入海苔。

> SHINO，我煮好囉!

85

滿滿蔬菜健康餐

起司的濃醇加上
柴魚片的鮮味，
讓人可以大口品嚐蔬菜！

滿滿辛香料的香氣迷人，
即便在胃口不佳的日子也能
讓人食指大動喔！

SHINO 拿手的大量蔬菜料理。

「內含色彩繽紛的蔬菜食譜，無論外觀或味道都很出色！就算是（像我這種）貪吃鬼，也會吃得十分滿足喔！」（Tatsuya）

「擔心蔬菜攝取不足時，或是想吃得健康一點的那一天，都可以嘗試看看。」（SHINO）

使用
檸檬油醃肉
（請見 p.26）

和風香料異國蕎麥麵

材料（2人份）　　　　　　　　　烹調時間 **15分鐘**

檸檬油醃肉…1袋
小黃瓜…1根
日本薑…1個
蕎麥麵（乾麵條）…170g
沾麵醬（將〈2倍濃縮〉麵味露依標示加以稀釋）…2杯

作法

1. 小黃瓜與日本薑切成絲。
2. 將「檸檬油醃肉」放入耐熱盤中，鬆鬆地蓋上保鮮膜再以微波爐（600W）加熱4～5分鐘，繼續蓋著保鮮膜靠餘熱將肉煮熟。等到稍微放涼後用手將雞里肌撕開。
3. 蕎麥麵依照袋上標示煮熟，瀝乾水分後分成1人份盛盤。
4. 將 **1** 的小黃瓜、**2**、日本薑依序放在 **3** 上，再淋上沾麵醬。

> 口感十足的麵再搭配上大量雞肉。

甜椒起司柴魚涼拌菜

材料（2人份）　　　　　　　　　烹調時間 **10分鐘**

甜椒（紅、黃）…各1/4個
奶油乳酪…40g
水菜…1/2把
柴魚片…1包（5g）
醬油、麻油…各1小匙

作法

1. 甜椒切成1cm大的塊狀。水菜切成3～4cm長。奶油乳酪切成小塊狀。
2. 將 **1** 的甜椒、水菜、柴魚片、醬油、麻油倒入調理盆中輕輕地攪拌均勻，加入 **1** 的奶油乳酪再稍微拌一下後盛盤。

下飯精力餐

用柚子醋＋麻油瞬間調製成中式爽口醬汁。

發揮薑蒜特色的冷凍常備肉與米飯完美搭配！
「用豬五花肉煮成的重口味主菜，搭配上口味清淡的副菜，呈現平衡的風味。」（Tatsuya）
「小心飯不要吃太多囉！」（SHINO）

甜甜鹹鹹的醬汁，加上薑蒜的香氣，令人胃口大開。

使用
韓式醃肉
（請見 p.40）

韓式烤肉炒小松菜

烹調時間 15 分鐘

材料（2 人份）

韓式醃肉…1 袋
小松菜（將莖、葉切成 4cm 長,參閱 p.51）
　…130g
麻油…1 小匙
洋蔥（切成薄片,參閱 p.51）…100g
熟芝麻（白）…1 小匙

作法

1. 在平底鍋中塗上一層麻油，倒入「韓式醃肉」、1 大匙水（材料分量外）後蓋上鍋蓋，以中小火蒸煮。
2. 等到肉變色之後打開鍋蓋，邊炒邊將肉鬆開。
3. 炒到肉熟透之後加入小松菜的莖、洋蔥再拌炒均勻。
4. 等到蔬菜變軟之後，加入小松菜的葉子再迅速拌炒均勻，盛盤後撒上芝麻。

甜椒鮪魚中式涼拌菜

烹調時間 15 分鐘

材料（2 人份）

甜椒（紅、黃，切成絲，參閱 p.52）…各 50g
小黃瓜…1 根
鮪魚（油漬）…1 罐（70g）
A｜柚子醋醬油…1 大匙
　｜麻油、熟芝麻（白）…各 1 小匙

作法

1. 小黃瓜切成絲。鮪魚要稍微瀝乾油脂。
2. 將甜椒、1、A 倒入調理盆中攪拌，等到全部食材入味後盛盤。

實在好下飯～！把韓式烤肉放在白飯上做成蓋飯也不錯吃呢！

享受當令美食餐

即便在忙碌的日子裡,若能在餐桌上享受季節變化,那該有多好。
「主菜的鮭魚已經預先調味,所以只要用當令食材加以搭配就行了。」(SHINO)
「基礎的味道確定之後,就不必擔心了。」(Tatsuya)

用爽脆的配菜打造口感豐富的菜色。

用鋁箔紙包裹食材,鎖住鮮味。

使用
味噌奶油醃魚
（請見 p.68）

紙包味噌鮭魚

烹調時間 15 分鐘

材料（2人份）

味噌奶油醃魚…1袋
綜合菇類（參閱 p.53）
　…100g
洋蔥（切成薄片，參閱 p.51）
　…40g
玉米罐頭（整顆）…50g
粗粒黑胡椒…適量

作法

1. 將鋁箔紙攤開，依序將一半分量的菇類、洋蔥、「味噌奶油醃魚」、玉米放上去，並妥善包好。一共要製作 2 組。

2. 將 1 放入烤箱（1000W）中，烤約 10 分鐘直到鮭魚熱透為止。打開鋁箔紙的開口，再撒上粗粒黑胡椒。

> 菇類也可以換成當令蔬菜。例如春季用竹筍（水煮）、夏季用茄子、秋季用蓮藕、冬季用菠菜等等，享用個人愛吃的蔬菜。

中式辣味蓮藕炒培根

烹調時間 10 分鐘

材料（2人份）

蓮藕（切成圓片狀，參閱 p.52）
　…100g
培根（切片）…2片（44g）
紅辣椒…1根
麻油…1大匙
醬油…2小匙
熟芝麻（白）…1小匙

作法

1. 培根切成 1cm 寬。紅辣椒切成一半。

2. 在平底鍋中塗上一層麻油，倒入 1 後以中火拌炒。

3. 等到培根變成金黃色之後，加入蓮藕拌炒均勻。

4. 炒到蓮藕熟透之後，以繞圈方式倒入醬油炒一炒。等到全部食材入味後盛盤，並撒上芝麻。

先做紙包料理！

我把玉米放進去囉～

謝謝！

記得要包好不可以有縫隙。

培根要煎得酥脆才好吃喔。

確認內部也完全煮熟之後就完成了！

家庭小聚
簡易派對餐

週末也可以用精美的配菜開場派對。
「主菜交給烤箱烹調,再利用這段時間製作副菜,就能有效運用時間囉!」(Tatsuya)
「不需要太多時間就能煮出費工夫的菜色,真是太棒了!」
(SHINO)

溫和的酸味正適合停下筷子休息片刻!

讓餐桌更顯豐盛的繽紛主菜。

可以享受到核桃口感的甜口味沙拉。

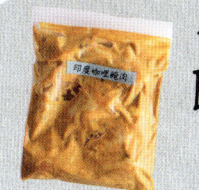

使用
印度咖哩醃肉
（請見 p.32）

印度烤雞＆烤蔬菜

烹調時間 30 分鐘

材料（2人份）

印度咖哩醃肉…1袋
櫛瓜…1根
玉米…1根
南瓜（切成塊，參閱 p.52）
　　…80g
甜椒（紅，切成絲，參閱
　　p.52）…70g

作法

1. 櫛瓜的皮削成條紋狀，並切成 2cm 寬。玉米切成 2cm 寬。
2. 將烘焙紙鋪在烤盤上，並在中央放上「印度咖哩醃肉」，南瓜、甜椒、**1** 放在周圍。
3. 放入預熱至 220℃的烤箱中，烤約 20 分鐘，且中途須翻面直到肉熟透為止再盛盤。

奶油乳酪南瓜核桃沙拉

烹調時間 10 分鐘

材料（2人份）

南瓜（切成塊，參閱 p.52）
　　…200g
核桃（切碎）…20g
牛奶…1大匙
蜂蜜…2大匙
奶油乳酪…40g

作法

1. 南瓜過水一下再放入耐熱容器中。鬆鬆地蓋上保鮮膜，以微波爐（600W）加熱 3 分鐘左右直到變軟為止。
2. 用叉子等工具將 **1** 大略壓碎，並加入牛奶、蜂蜜混合均勻。
3. 全部食材拌勻後，加入奶油乳酪攪拌一下，盛盤後撒上核桃。

火腿醋漬菜

烹調時間 10 分鐘

材料（2人份）

烤火腿…4片
洋蔥（切成薄片，參閱
　　p.51）…100g
A｜醋…1 又 1/2 大匙
　｜橄欖油…1 大匙
　｜砂糖、檸檬汁
　｜　…各 1 小匙
　｜鹽、胡椒…各少許
粗粒黑胡椒…適量

作法

1. 火腿切成十字。
2. 將洋蔥、**1**、**A** 倒入調理盆中拌一拌。
3. 將 **2** 盛盤，並撒上粗粒黑胡椒。

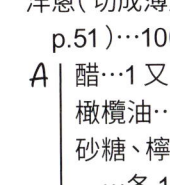

在家小酌居酒屋餐

辛苦工作一整天後,在家小酌乾一杯吧!
「我想要兩個人盡情聊天,所以想喝一杯的日子,用冷凍常備肉簡單吃就行了。」(SHINO)
「不但下酒也很下飯,身心都好滿足～」(Tatsuya)

調味簡單!
萬無一失的
配菜沙拉。

使用冷凍常備肉,
長時間燉煮出好味道!

用蒜油炒一下就
完成的絕品美味!

辛苦了～

使用 薑鹽麴醃肉
（請見 p.18）

中式薑汁雞佐小黃瓜

烹調時間 10 分鐘

材料（2人份）

- 薑鹽麴醃肉…1/2 袋
- 小黃瓜…1 根
- 麻油…3 小匙
- 鹽…少許
- 熟芝麻（白）…1 小匙

作法

1. 小黃瓜去蒂後放入塑膠袋中，用擀麵棍敲碎。
2. 在平底鍋中塗上 2 小匙麻油，倒入「薑鹽麴醃肉」、2 大匙水（材料分量外）後蓋上鍋蓋，以中小火蒸煮。稍微放涼後將雞肉切成適口大小。
3. 將 1、2、1 小匙麻油、鹽倒入調理盆中拌一拌。盛盤後撒上芝麻。

使用 壽喜燒醃肉
（請見 p.48）

牛肉百菇豆腐佐溫泉蛋

烹調時間 10 分鐘

材料（2人份）

- 壽喜燒醃肉…1 袋
- 綜合菇類（參閱 p.53）…100g
- 豆腐（木綿）…200g
- 溫泉蛋…1 個

作法

1. 豆腐切成適口大小。
2. 將「壽喜燒醃肉」、菇類、1/2 杯水（材料分量外）倒入平底鍋再蓋上鍋蓋，以中火煮熟。
3. 等到肉變色之後打開鍋蓋將肉鬆開。加入 1，並煮至肉熟透為止。
4. 將 3 盛盤，並擺上溫泉蛋。

義式香蒜毛豆

烹調時間 10 分鐘

材料（2人份）

- 毛豆（水煮，參閱 p.52）…200g
- 橄欖油…2 大匙
- 大蒜（切成末，參閱 p.52）…1 小匙
- 紅辣椒（去籽）…1 根

作法

1. 將橄欖油、大蒜、紅辣椒倒入平底鍋中以小火加熱，爆香之後加入毛豆拌炒。
2. 等到全部食材入味後盛盤。

要讓食材入味，所以最好從燉煮料理開始動手。

小黃瓜要敲碎成不平整的塊狀才容易入味喔！

我剛才試了肉的味道，所以忍不住……。

你已經開喝了嗎!?（笑）

用冷凍毛豆來做也很好吃喔！

雞肉淋上麻油就會瞬間變成中式風味！

Column 4 變化豐富的冷凍常備菜

一次做多一點才方便使用!

甜味和酸味十分均衡
番茄醬

材料（方便製作的分量）

- 番茄罐頭（整顆）…1 罐（400g）
- 洋蔥…1/2 個
- 大蒜…1 瓣
- 橄欖油…2 大匙
- 砂糖…2 小匙
- 月桂葉…1 片
- 鹽、胡椒…各少許

作法

1. 洋蔥、大蒜切成末。
2. 將橄欖油、1 的大蒜倒入平底鍋中以小火加熱，爆香之後轉成中火，加入 1 的洋蔥拌炒。等到洋蔥變色之後，加入番茄罐頭壓碎，並加入砂糖、月桂葉再煮 20 分鐘左右。用鹽、胡椒調味。
3. 稍微放涼之後，放入冷凍保鮮袋中壓平再擠出空氣，並將袋口緊閉後冷凍保存。

烹調時間 30 分鐘

用冷凍包代替披薩醬
維也納香腸披薩吐司

解凍

材料（2 人份）

- 番茄醬…3～4 大匙
- 維也納香腸…2～3 根
- 青椒…1 個
- 吐司（個人喜歡的厚度）…2 片
- 綜合西式蔬菜（參閱 p.53）…100g
- 披薩用起司…適量

作法

1. 預先將分量中的「番茄醬」移至冷藏室，或是放入塑膠袋中放在流水下解凍。香腸斜切成薄片，青椒切成絲。
2. 將 1 的番茄醬、綜合西式蔬菜、青椒、香腸、起司依序放在吐司上，用烤箱（1000W）烤 4～5 分鐘直到起司融化為止。

烹調時間（自解凍狀態開始） 10 分鐘

靠塔巴斯科辣椒醬與檸檬的酸味帶來爽口滋味！
墨式章魚彩蔬醋漬菜

解凍

材料（2 人份）

- 番茄醬…3 大匙
- 水煮章魚…130g
- 青椒…1 個
- 甜椒（紅）、洋蔥…各 1/4 個
- 檸檬汁…1/2 大匙
- 塔巴斯科辣椒醬（依個人喜好調味）、鹽、胡椒…各少許
- 檸檬（切成半月形）…2 片

作法

1. 預先將分量中的「番茄醬」移至冷藏室，或是放入塑膠袋中再放在流水下解凍。章魚、青椒切成適口大小。甜椒切成絲。洋蔥切成薄片，泡在水中再瀝乾水分。
2. 將 1 的章魚、蔬菜倒入調理盆中，加入番茄醬、檸檬汁、塔巴斯科辣椒醬後拌一拌。用鹽、胡椒調味後盛盤，並放上檸檬。

烹調時間（自解凍狀態開始） 10 分鐘

時間多一點的日子，也可以試著製作一些方便使用的冷凍常備菜。
除了簡單料理成番茄義大利麵或餃子之外，還可以變化成有別以往的菜色，大飽口福。

大量蔬菜！

餃子餡

材料（方便製作的分量）

豬絞肉…300g
高麗菜…200g
韭菜…50g
大蒜、薑…各1瓣
鹽、胡椒…各少許
A｜醬油、酒…各1大匙
　｜雞粉…1小匙

作法

1. 高麗菜與韭菜大略切碎。大蒜切成末，薑磨成泥。
2. 將絞肉、鹽、胡椒倒入調理盆中充分搓揉。等到出現黏性之後，加入1、A再充分攪拌均勻。
3. 放入冷凍保鮮袋中壓平再擠出空氣，並將袋口緊閉後冷凍保存。

烹調時間 10分鐘

汁多味美！ ＼解凍／

香菇餃

材料（2人份）

餃子餡…100g
香菇…6朵
麵粉、麻油…各適量
青紫蘇…1片
A｜柚子醋醬油…2大匙
　｜薑（磨成泥）…1/3小匙

作法

1. 預先將分量中的「餃子餡」移至冷藏室，或是放入塑膠袋中放在流水下解凍。香菇去柄，並整個撒上麵粉。
2. 將1的絞肉分成6等份，分別塞入香菇的菌傘中。
3. 在平底鍋中塗上一層麻油，將2從肉的部分放入鍋中，以中火將兩面煎一煎。
4. 將青紫蘇放在盤子上，並將3盛盤。搭配上混合均勻的A。

烹調時間（自解凍狀態開始）10分鐘

還可以加在飯上 ＼解凍／

韭菜蛋鬆

材料（2人份）

餃子餡…200g
蛋…2個
鹽、胡椒…各少許
麻油…2小匙

作法

1. 預先將分量中的「餃子餡」移至冷藏室，或是放入塑膠袋中再放在流水下解凍。將蛋、鹽、胡椒倒入調理盆中攪拌備用。
2. 在平底鍋中塗上一層麻油，倒入1的絞肉以中火邊炒邊鬆開。
3. 炒到肉熟透之後，以繞圈方式倒入蛋液再拌炒一下，等到蛋凝固後盛盤。

烹調時間（自解凍狀態開始）10分鐘

Part 3

快速、美味、
時尚

讓料理更上一層樓
烹調＆盛盤的絕竅

　　當你能夠快速烹調出美味又時尚的料理，在家吃飯就會變得更有樂趣。本章將為大家整理出一些烹調與盛盤的小技巧，讓料理成品更加出色。料理時只要多下一點工夫，就能讓家常菜變得更有氣氛！請大家今天就試試看吧！

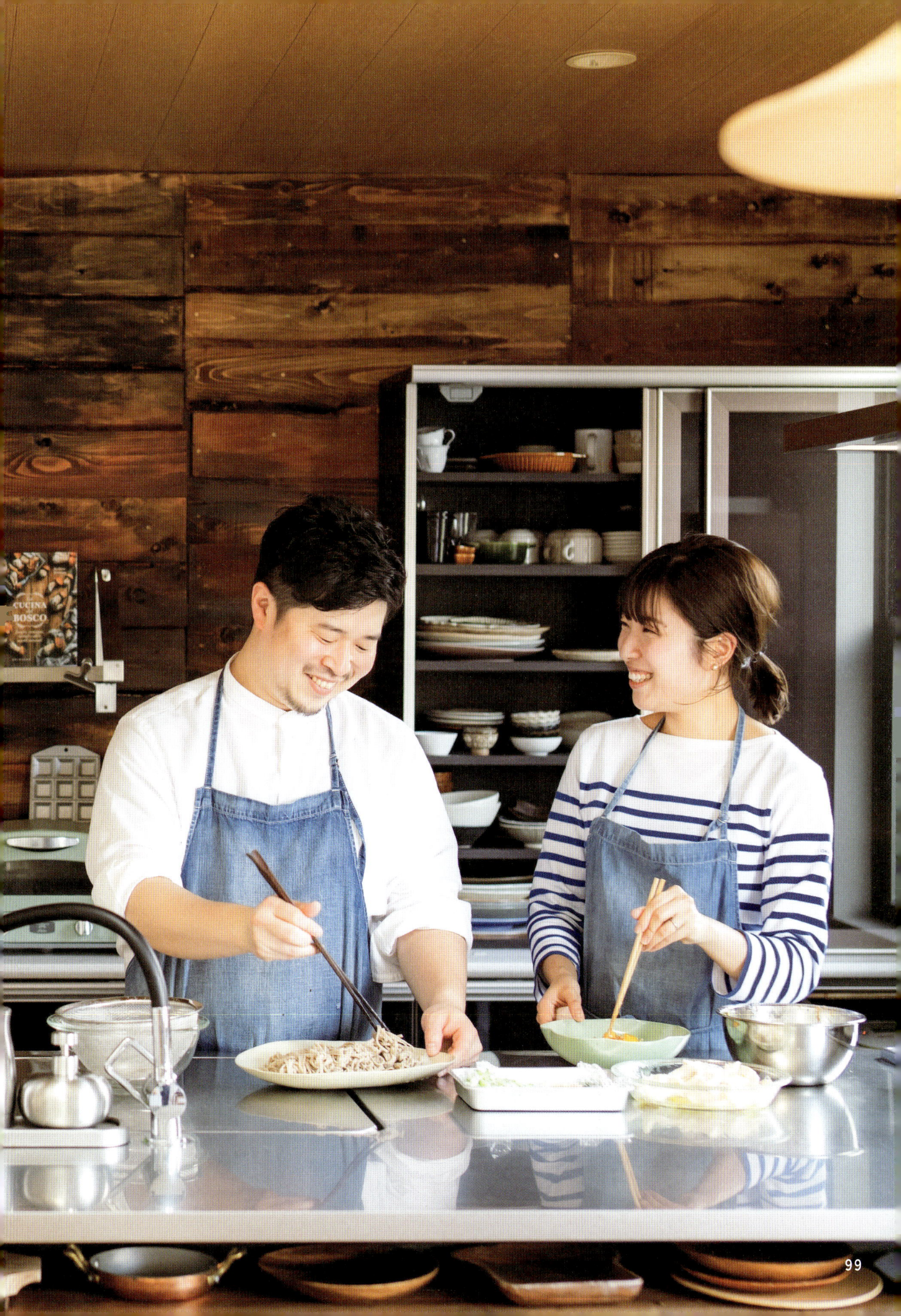
CUCINA
BOSCO

\ 省時又能煮出美味料理 /
料理的絕竅

為大家整理出影響料理風味的烹調基礎知識，還有節省時間以降低煮飯難度的烹調技巧。

正確測量調味料

烹調時，根據食譜正確測量食材非常重要。只要掌握基本的測量方法，就能煮出食譜上的味道。

少許鹽　　**一小撮鹽**

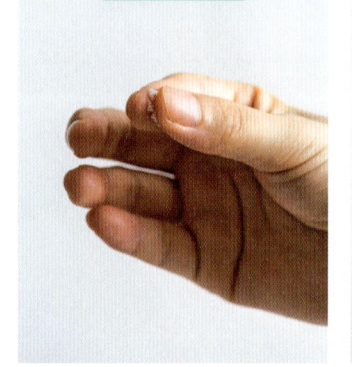

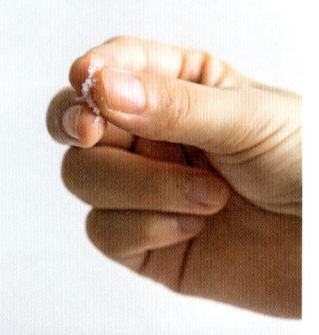

「適量」是指適合料理及調理器具剛剛好的分量

如果食譜上寫著「適量」的話，請依照個人喜好，每次少量添加再調整用量。料理成品會因為烹調環境、使用工具、食材而略有不同，因此請根據個人口味調整用量。

少許鹽和一小撮鹽不可以混為一談

「少許」鹽的分量，是用大拇指和食指這 2 根手指捏起來的分量。「一小撮」鹽的分量，則是大拇指、食指、中指這 3 根手指捏起來的分量。

粉類要刮平

麵粉及太白粉等粉類要盛得滿滿的，再用量匙柄等工具刮平。1/2 的分量是在刮平之後再刮除一半的分量。

液體只要隆起即可

像是醬油及味醂等液體調味料，須倒至因表面張力而隆起為止，才算是 1 匙的分量。

味噌等要裝滿量匙再測量

味噌及韓式辣醬這類具黏性的調味料，要用另一支的湯匙填滿到 1 匙的分量。

隨時備妥省時食材

使用快熟的食材，或是不需要加熱的食材，就能縮短料理時間。家中常備幾樣省時食材，遇到趕時間的日子就能輕鬆備妥餐點！

選擇容易煮熟的蔬菜

像是小松菜及高麗菜等葉菜類蔬菜，還有青蔥、甜椒、櫛瓜等蔬菜，因為很快就能煮熟，相當方便。

若有即食食材，更令人放心

用豆腐及生菜類等無需加熱即可使用的食材來搭配料理，或是直接製作成沙拉，就能迅速完成一道菜。

減少清洗器具

只要減少砧板和刀具的使用頻率，需要清洗的器具就會減少，烹調也會變得更有效率。為大家介紹 2 個技巧，善用用途廣泛的食材。

用料理剪刀剪開

使用料理剪刀的話，就能直接將食材剪好放在鐵盤或平底鍋上，而不需要用到砧板。但要避免使用在根莖類等堅硬的食材。

適用於這類食材
- 小松菜
- 金針菇
- 萬用蔥
- 雞肉、豬肉、牛肉
- 水菜
- 鮭魚、白肉魚

用手撕開 & 剝開

柔軟的食材，也可以用手撕開或剝開。由於不需要使用工具即可完成，所以也推薦大家讓孩子幫忙。

適用於這類食材
- 生菜類
- 青紫蘇
- 巴西利
- 豆腐、油豆腐
- 香菜
- 雞里肌（已加熱）

> 不需要拿出砧板，就能空出烹調空間囉！

多一點技巧讓雞肉更軟嫩

雞肉只要在事前處理和加熱時多一點工夫，就會變得更加美味。為大家整理出幾個讓雞肉煮得軟嫩的技巧。

用叉子在整塊雞肉上戳洞

為了防止雞肉在加熱時收縮，可用叉子在整塊雞肉上戳洞，將纖維切斷。戳出小洞之後，味道也會更容易入味。

用刀子劃出刀痕

雞肉的筋也是導致雞肉收縮的原因之一，因此在烹調之前最好要將筋切斷。刀子要用直角的方式插入筋中，淺淺地劃出2～3cm寬的刀痕。

透過調味料的小技巧讓雞肉更美味

簡單地預先調味時，會讓肉質變軟嫩，建議大家使用可以釋放出鮮味的鹽麴、具保濕效果的砂糖、可去除雞肉腥味的鹽。

充分搓揉使調味料融入肉中

用搓揉的方式讓調味料融入肉中，以防止冷凍過程中的乾燥現象。透過充分搓揉的動作，可以讓調味料滲透到雞肉底層。

善用餘熱避免煮過頭

雞肉長時間加熱會喪失水分而容易變得乾柴，所以最好在煎至金黃色後熄火並蓋上鍋蓋，直接靜置5分鐘左右。

> 利用餘熱煮熟，才能煮出肉質濕潤的料理喔。會擔心肉質乾柴的人，可以嘗試看看！

留意烹調火力

由於冷凍常備肉已經醃漬過了，有些含有大量鹽分及糖分，容易燒焦。
加熱時記得要調整火力大小。

小心內含醬油或味噌的預先調味，很容易燒焦

醬油或味噌基底的預先調味鹽分特別高，水分也容易蒸發。等到食材變成金黃色後就要加快速度完成料理。當內部沒有熟透時，須以小火烹調。

> 當水分變少時就要留意，避免燒焦。

味道過重時，花點工夫就能拯救回來

發現太鹹的時候，可以添加調味料或食材，才能讓鮮味保留下來，同時減輕鹹度。

太鹹時就加醋

熱炒料理太鹹時，可以分次加入一點醋調整味道。讓鹹味變淡，變成溫和的味道。

加入容易煮熟的食材

還有一種方法是加入豆腐或葉菜類等食材，以減少鹹味。最好是很快煮熟的食材，加熱時間短，味道才容易融合。

變化口味

不時變化口味，就能百吃不膩地享用冷凍常備料理。為大家介紹簡單就能完成的技巧。

運用相同的預先調味變換食材

總是搭配相同的食材和調味，菜色往往會一成不變。大家不妨參考p.106，試試看各式各樣的搭配方式。

用來提味的調味料要隨時備用

調味料使用方便，可以搭配料理或是撒在料理上，讓味道千變萬化。推薦大家使用韓式辣醬、七味唐辛子、粗粒黑胡椒等調味料。

多一點技巧，讓料理看起來更有質感！
盛盤的絕竅

只要留意顏色以及盛盤方式，就可以端出看起來更美味的配菜。為大家介紹一些可以改變視覺印象的小技巧！

用食材增添色彩

冷凍常備肉經過調味料的醃漬，顏色容易變成咖啡色。只要用搭配的食材添加鮮豔色彩，看起來就會賞心悅目。

善用色彩鮮豔的紅色、黃色蔬菜

遇到配菜顏色暗淡時，可搭配紅色或黃色的食材來增添色彩。只要在成品最後加上檸檬，就會給人一種華麗的印象。

用分散的食材提升料理格調

加上巴西利或蔥花等綠色食材，就會讓配菜的顏色更鮮明。還可以撒上芝麻、七味唐辛子、粗粒黑胡椒等調味料，讓味道更有變化。

充滿立體感的盛盤方式更顯美味

料理隨便擺盤的話，很容易變得平淡無奇。如果刻意用充滿立體感的方式盛盤，看起來就會像餐廳料理的一樣。

擺盤時突顯高度

如果有容易散開的食材，擺盤時只要像山一樣堆得高高的，就會給人很講究的感覺。也十分建議大家用蔥絲這類食材，最後再擺上去增加高度。

從體積大的食材開始擺盤

遇到容易散開的料理，只要從大塊的食材開始擺盤，再將小一點的食材分散放上去，整個料理視覺就會很均衡。

淋上熬煮醬汁突顯汁多味美

充滿光澤的配菜會引人食慾，讓人「覺得很好吃！」。由於冷凍常備肉一經加熱就會釋放出水分，所以要善用剩餘湯汁裝飾料理。

熬煮湯汁

熬煮平底鍋中剩餘的湯汁，稍微讓水分蒸發，再淋在料理上。注意不要煮太久，以免燒焦。

> 唯有冷凍常備肉才能做到的收尾方式！

> 閃閃發亮看起好好吃～

105

冷凍常備肉一覽表

預先調味	調味料分量
薑鹽麴醃肉（p.18）	鹽麴…2 大匙　薑（磨成泥）…2 小匙
照燒醃肉（p.20）	醬油…2 大匙　酒、味醂…各 1 大匙
香草鹽醃肉（p.22）	橄欖油、酒…各 1 大匙　綜合香草…1 小匙　鹽…1/3 小匙
大蒜味噌醃肉（p.24）	味噌…4 大匙　酒、味醂…各 2 大匙　大蒜（磨成泥）…1 小匙
檸檬油醃肉（p.26）	檸檬（切片）…1/2 個　鹽…1/3 小匙　橄欖油…2 大匙
豆瓣醬美乃滋醃肉（p.28）	美乃滋…2 大匙　醬油…1 小匙　豆瓣醬…1/2 小匙（依個人喜好增減）
高湯粉醃肉（p.30）	高湯粉、酒…各 1 大匙　大蒜（磨成泥）…1/2 小匙　鹽、胡椒…各少許
印度咖哩醃肉（p.32）	原味優格（無糖）…4 大匙　中濃醬…2 大匙　咖哩粉、番茄醬…各 1 大匙　薑、大蒜（磨成泥）…各 1/2 小匙
甜辣醬油醃肉（p.34）	醬油…2 大匙　酒…1 大匙　味醂…1/2 大匙
甜辣韓式辣醬醃肉（p.36）	韓式辣醬…2 大匙　醬油、酒…各 1 大匙
麵味露醃肉（p.38）	麵味露（2 倍濃縮）…2 大匙　酒…1 大匙　薑（磨成泥）…1/2 小匙
韓式醃肉（p.40）	醬油…2 大匙　砂糖、酒、麻油…各 1 大匙　薑、大蒜（磨成泥）…各 1/2 小匙
香料醃肉（p.42）	鹽、胡椒…各少許　酒…2 大匙　薑、大蒜（磨成泥）…各 1 小塊
中式醃肉（p.44）	鹽、胡椒…各少許　醬油、酒…各 2 大匙　砂糖…1 大匙　五香粉…少許
番茄醬醃肉（p.46）	番茄醬…4 大匙　中濃醬…3 大匙　高湯粉…1 大匙　胡椒…少許
壽喜燒醃肉（p.48）	醬油…2 大匙　酒、味醂…各 1 大匙　砂糖…1 小匙
西式漢堡醃肉（p.54）	蛋…1 個　麵包粉…1/2 杯　牛奶…2 大匙　鹽、胡椒、肉豆蔻…各少許
麻婆味噌醃肉（p.56）	味噌…1 又 1/2 大匙　味醂…1 大匙　豆瓣醬…1 大匙
鹽麴醃肉（p.58）	鹽麴…2 大匙
蠔油醃肉（p.60）	蠔油…2 大匙　醬油…1 大匙
雞粉醃肉（p.62）	酒、太白粉…各 1 大匙　醬油、雞粉…各 1 小匙　胡椒…少許
東南亞風味醃肉（p.64）	蠔油、魚露…各 1 大匙　砂糖…1/2 小匙
大蒜油醃魚（p.66）	紅辣椒(切成圓片)…1/2 根　酒、橄欖油…各 1 大匙　大蒜(磨成泥)…1/2 小匙　鹽…少許
味噌奶油醃魚（p.68）	味噌、酒、味醂…各 1 大匙　鹽…少許　奶油（切成一半）…20g　＊最後加入
柚子胡椒醃魚（p.70）	醬油…2 大匙　酒、味醂…各 1 大匙　柚子胡椒…1 小匙
咖哩美乃滋醃魚（p.72）	美乃滋…2 大匙　咖哩粉…1/2 小匙
鹽蒜油醃蝦（p.74）	橄欖油…2 大匙　大蒜（切成末）、酒…各 1 大匙　鹽、胡椒…各少許
甜辣醬醃蝦（p.76）	番茄醬…2 大匙　酒…1 大匙　砂糖、豆瓣醬…各 1 小匙　鹽、胡椒…各少許

出現在本書中的冷凍調味方式，也可以搭配其他的肉類或海鮮。只要更換食材，料理的變化就會無遠弗屆，盡情享用百吃不膩的冷凍料理。請大家按照 p.12 ～ 13 的前置作業步驟，依照相同作法將調味料和食材倒入冷凍保鮮袋中搓揉入味，再放入冷凍。

建議的食材與用量
雞腿肉 2 片（500g）、雞胸肉 2 片（500g）、雞里肌 8 條（320g）、翅小腿 8 隻（400g）、牛肉片（500g）、鮭魚（切片）4 片、鱈魚（切片）4 片
雞腿肉 300g、雞胸肉 1 片（250g）、雞里肌 4 條（160g）、翅小腿 4 隻（200g）、牛肉片 250g、鮭魚（切片）2 片、鱈魚（切片）2 片
雞胸肉 2 片（500g）、雞腿肉 2 片（500g）、雞里肌 8 條（320g）、翅小腿 4 隻（200g）、雞絞肉 250g、鮭魚（切片）2 片、鱈魚（切片）2 片、蝦子 200g
雞胸肉 2 片（500g）、胸腿肉 2 片（500g）、雞里肌 8 條（320g）、翅小腿 8 隻（400g）、豬肉塊 500g、鮭魚（切片）4 片
雞里肌 4 條（160g）、雞胸肉 1 片（500g）、鮭魚（切片）2 片　※ 全部用鹽（1/3 小匙）搓揉入味再放入袋子裡
雞里肌 4 條（160g）、雞胸肉 1 塊（250g）、鮭魚（切片）2 片
翅小腿 6 隻（300g）、雞腿肉 2 片（500g）、雞胸肉 2 片（500g）、鮭魚（切片）4 片
翅小腿 6 隻（300g）、雞腿肉 2 片（500g）、雞胸肉 2 片（500g）、雞里肌 8 條（320g） ※ 全部用鹽、胡椒（各少許）、酒（1 大匙）搓揉入味再放入袋子裡
豬肉塊 300g、雞腿肉 1 片（250g）、雞胸肉 1 片（250g）、豬五花肉片 300g、牛肉片 300g、鮭魚（切片）2 片、鱈魚（切片）4 片
豬肉塊 300g、雞腿肉 1 片（250g）、雞胸肉 1 片（250g）、雞里肌 4 條（160g）、豬五花肉片 300g、鱈魚（切片）4 片
豬五花肉片 300g、雞腿肉 2 片（500g）、雞胸肉 2 片（500g）、豬肉塊 300g、鮭魚（切片）4 片
豬五花肉片 300g、豬肉塊 300g、牛肉片 300g
豬肉塊 400g、雞腿肉 2 片（500g）、雞胸肉 2 片（500g）※ 全部用鹽、胡椒（各少許）搓揉入味再放入袋子裡
豬肉塊 400g、雞腿肉 2 片（500g）、雞胸肉 2 片（500g）※ 全部用鹽、胡椒（各少許）搓揉入味再放入袋子裡
牛肉片 300g、雞腿肉 2 片（500g）、雞胸肉 2 片（500g）、豬肉塊 300g
牛肉片 300g、豬五花肉片 300g、豬肉塊 300g
綜合絞肉 300g、雞絞肉 300g
綜合絞肉 300g、雞絞肉 300g
豬絞肉 300g、雞絞肉 300g
豬絞肉 300g、雞腿肉 2 片（500g）、雞胸肉 2 片（500g）、雞絞肉 300g、翅小腿 5 隻（250g）、鮭魚（切片）4 片
雞絞肉 300g、蝦子 200g
雞絞肉 300g、雞腿肉 1 片（250g）、雞胸肉 1 片（250g）、雞里肌 4 條（160g）、蝦子 200g
鮭魚（切片）2 片、雞腿肉 1 片（250g）、雞胸肉 1 片（250g）、雞里肌 4 條（160g）、蝦子 200g
鮭魚（切片）2 片、雞腿肉 1 片（250g）、雞胸肉 1 片（250g）
鱈魚（切片）2 片、雞腿肉 1 片（250g）、雞胸肉 1 片（250g）、雞里肌 4 條（160g） ※ 全部用鹽（少許）搓揉入味再放入袋子裡
鱈魚（切片）2 片、雞腿肉 1 片（250g）、雞胸肉 1 片（250g）、雞里肌 4 條（160g）、翅小腿 2 隻（300g）、鮭魚（切片）2 片　※ 全部用鹽（少許）搓揉入味再放入袋子裡
蝦子 200g、雞腿肉 1 片（250g）、雞胸肉 1 片（250g）、雞里肌 4 條（160g）、翅小腿 2 隻（300g）
蝦子 200g、雞腿肉 1 片（250g）、雞胸肉 1 片（250g）、雞里肌 4 條（160g）

各種食材索引

肉類

豬肉塊
- 甜辣韓式辣醬醃肉……36
- 甜辣醬油醃肉……34
- 溫泉蛋豬肉蓋飯……35
- 好吃到三兩下吃光光泡菜豬肉炒麵……36
- 百菇炒豬肉片……34
- 起司春川辣炒豬……37

豬五花肉片
- 青紫蘇豬五花炒紅蘿蔔絲……38
- 營養滿分韓式烤肉拌飯……41
- 超下飯韓式烤肉炒小松菜……40
- 韓式烤肉炒小松菜……88
- 豬五花滷白蘿蔔……39
- 韓式醃肉……40
- 麵味露醃肉……38

豬五花肉塊
- 香料醃肉……42
- 暖身暖心的中華火鍋……42
- 五香醃肉……44
- 免燉煮滷肉飯……45
- 搭配蔬菜一起吃的生菜包肉……43
- 中式醃肉……44

雞里肌
- 當下酒菜也行蔥燒雞里肌……28
- 清爽檸檬雞里肌佐五彩泡菜……26
- 豆瓣醬美乃滋醃肉……28
- 辛辣炸雞……29
- 檸檬油醃肉……26
- 檸檬雞里肌異國蕎麥麵……27
- 和風香料異國蕎麥麵……86

翅小腿
- 鮮味十足翅小腿番茄湯……31
- 翅小腿咖哩烏龍麵……33
- 高湯粉醃肉……30
- 印度咖哩醃肉……32
- 印度烤雞＆烤蔬菜……92
- 烤翅小腿……30
- 免燉煮也好吃的翅小腿咖哩……32

雞胸肉
- 白飯一碗接一碗，青椒味噌雞肉……24
- 馬鈴薯味噌燉雞……25
- 大蒜味噌醃肉……24
- 香草嫩炸雞……22
- 香草鹽醃肉……22
- 香草雞肉沙拉……23

雞腿肉
- 美味塔塔醬南蠻炸雞……21
- 薑香四溢蔥油雞……18
- 薑鹽麴醃肉……18
- 中式薑汁雞佐小黃瓜……94
- 電鍋簡單煮海南雞飯……19
- 照燒醃肉……20
- 照燒雞肉蛋蓋飯……84
- 經典蔥燒雞肉……20

牛肉片
- 百菇牛肉豆腐……48
- 牛肉百菇豆腐佐溫泉蛋……94
- 壽喜燒醃肉……48
- 經典美味牛肉蓋飯……49
- 番茄醬醃肉……46
- 番茄牛肉燴飯……47
- 番茄牛肉……46

綜合絞肉
- 油豆腐炒麻婆味噌肉燥……57
- 五彩蔬菜肉捲……54
- 超下飯印度肉末咖哩……55
- 麻婆味噌醃肉……56
- 西式漢堡醃肉……54
- 和風味噌蓮藕漢堡排……56

雞絞肉
- 東南亞風味醃肉……64
- 打拋飯……64
- 薑汁雞肉丸子湯……62

- 雞粉醃肉……62
- 異國雞肉燥冬粉沙拉……65
- 中式雞肉燥澆汁豆腐……63

豬絞肉
- 蠔油醃肉……60
- 餃子餡……97
- 香菇餃……97
- 鹽麴醃肉……58
- 台式拌麵……61
- 洋蔥鹽麴肉燥味噌湯……58
- 麻油炒豆苗鹽麴肉燥……59
- 韭菜蛋鬆……97
- 嫩蛋蠔油肉燥蓋飯……60

海鮮類

蝦子
- 美味蝦仁蛋炒飯……77
- 干燒蝦仁……76
- 蒜味蝦……74
- 水煮蛋鮮蝦沙拉……75
- 鹽蒜油醃蝦……74
- 甜辣醬醃蝦……76

鮭魚
- 義式鮭魚炒青花菜……66
- 鮭魚菠菜義大利麵……67
- 鮭魚鏘鏘燒……68
- 紙包味噌鮭魚百菇……69
- 紙包味噌鮭魚……90
- 大蒜油醃魚……66
- 味噌奶油醃魚……68

章魚
- 墨式章魚彩蔬醋漬菜……96

鱈魚
- 咖哩美乃滋醃魚……72
- 嫩煎咖哩美乃滋鱈魚佐彩蔬……73
- 鱈魚馬鈴薯咖哩起司燒……72

108

柚子胡椒鱈魚佐爽口泡菜……70
柚子胡椒鱈魚佐彩蔬澆汁……71
柚子胡椒醃魚……70

蔬菜

青紫蘇
青紫蘇豬五花炒紅蘿蔔絲……38

四季豆
五彩蔬菜肉捲……54
水煮蛋鮮蝦沙拉……75
馬鈴薯炒火腿……79
鱈魚馬鈴薯咖哩起司燒……72
馬鈴薯味噌燉雞……25

毛豆
義式香蒜毛豆……94

秋葵
秋葵涼拌豆腐……84

南瓜
奶油乳酪南瓜核桃沙拉……92
印度烤雞&烤蔬菜……92

高麗菜
綜合熱炒蔬菜……53
餃子餡……97

小黃瓜
甜椒鮪魚中式涼拌菜……88
中式薑汁雞佐小黃瓜……94
柚子胡椒鱈魚佐爽口泡菜……70
和風香料異國蕎麥麵……86

小松菜
超下飯韓式烤肉炒小松菜……40
韓式烤肉炒小松菜……88

紅葉萵苣
水煮蛋鮮蝦沙拉……75
香草雞肉沙拉……23
搭配蔬菜一起吃的生菜包肉……43

獅子椒
經典蔥燒雞肉……20
和風味噌蓮藕漢堡排……56

馬鈴薯
義式鮭魚炒青花菜……66
馬鈴薯炒火腿……79
暖身暖心的中華火鍋……42
鱈魚馬鈴薯咖哩起司燒……72
馬鈴薯味噌燉雞……25

櫛瓜
超下飯印度肉末咖哩……55
印度烤雞&烤蔬菜……92
烤翅小腿……30
綜合西式蔬菜……53

白蘿蔔
豬五花滷白蘿蔔……39

竹筍（水煮）
免燉煮滷肉飯……45

洋蔥
青紫蘇豬五花炒紅蘿蔔絲……38
美味塔塔醬南蠻炸雞……21
鮮味十足翅小腿番茄湯……31
超下飯韓式烤肉炒小松菜……40
超下飯印度肉末咖哩……55
翅小腿咖哩烏龍麵……33
鮭魚菠菜義大利麵……67
紙包味噌鮭魚……90
清爽檸檬雞里肌佐五彩泡菜……26
綜合切絲蔬菜……53
墨式章魚彩蔬醋漬菜……96
洋蔥鹽麴肉燥味噌湯……58
烤翅小腿……30

經典美味牛肉蓋飯……49
番茄醬……96
番茄培根湯……81
番茄牛肉燴飯……47
異國雞肉燥冬粉沙拉……65
馬鈴薯味噌燉雞……25
溫泉蛋豬肉蓋飯……35
免燉煮也好吃的翅小腿咖哩……32
好吃到三兩下吃光光泡菜豬肉炒麵……36
火腿醋漬菜……92
起司春川辣炒豬……37
韓式烤肉炒小松菜……88
柚子胡椒鱈魚佐彩蔬澆汁……71
綜合西式蔬菜……53
檸檬雞里肌異國蕎麥麵……27

青江菜
免燉煮滷肉飯……45

豆苗
麻油炒豆苗鹽麴肉燥……59

玉米
印度烤雞&烤蔬菜……92

青蔥
油豆腐炒麻婆味噌肉燥……57
百菇海苔湯……84
美味蝦仁蛋炒飯……77
干燒蝦仁……76
薑香四溢蔥油雞……18
暖身暖心的中華火鍋……42
中式雞肉燥澆汁豆腐……63
經典蔥燒雞肉……20

韭菜
餃子餡……97
薑汁雞肉丸子湯……62
台式拌麵……61
好吃到三兩下吃光光泡菜豬肉炒麵……36

109

紅蘿蔔
- 青紫蘇豬五花炒紅蘿蔔絲 ……… 38
- 綜合熱炒蔬菜 ……… 53
- 清爽檸檬雞里肌佐五彩泡菜 ……… 26
- 綜合切絲蔬菜 ……… 53
- 柚子胡椒鱈魚佐爽口泡菜 ……… 70
- 紅蘿蔔芝麻韓式拌菜 ……… 81
- 柚子胡椒鱈魚佐彩蔬澆汁 ……… 71

白菜
- 柚子胡椒鱈魚佐爽口泡菜 ……… 70

香菜
- 異國雞肉燥冬粉沙拉 ……… 65
- 檸檬雞里肌異國蕎麥麵 ……… 27

甜椒（紅、黃）
- 甜椒鮪魚中式涼拌菜 ……… 88
- 甜椒起司柴魚涼拌菜 ……… 86
- 五彩蔬菜肉捲 ……… 54
- 營養滿分韓式烤肉拌飯 ……… 41
- 打拋飯 ……… 64
- 超下飯印度肉末咖哩 ……… 55
- 墨式章魚彩蔬醋漬菜 ……… 96
- 印度烤雞＆烤蔬菜 ……… 92
- 烤翅小腿 ……… 30
- 異國雞肉燥冬粉沙拉 ……… 65
- 綜合西式蔬菜 ……… 53
- 檸檬雞里肌異國蕎麥麵 ……… 27

萬用蔥
- 當下酒菜也行蔥燒雞里肌 ……… 28

青椒
- 綜合熱炒蔬菜 ……… 53
- 維也納香腸披薩吐司 ……… 96
- 打拋飯 ……… 64
- 白飯一碗接一碗的青椒味噌雞肉 ……… 24
- 清爽檸檬雞里肌佐五彩泡菜 ……… 26
- 綜合切絲蔬菜 ……… 53
- 墨式章魚彩蔬醋漬菜 ……… 96
- 青椒炒鮪魚 ……… 79

- 嫩蛋蠔油肉燥蓋飯 ……… 60
- 柚子胡椒鱈魚佐彩蔬澆汁 ……… 71

青花菜
- 蒜味蝦 ……… 74
- 義式鮭魚炒青花菜 ……… 66

菠菜
- 營養滿分韓式烤肉拌飯 ……… 41
- 鮭魚菠菜義大利麵 ……… 67

水菜
- 甜椒起司柴魚涼拌菜 ……… 86
- 照燒雞肉蛋蓋飯 ……… 84

小番茄
- 鮮味十足翅小腿番茄湯 ……… 31
- 番茄培根湯 ……… 81
- 異國雞肉燥冬粉沙拉 ……… 65
- 番茄牛肉 ……… 46

日本薑
- 和風香料異國蕎麥麵 ……… 86

綜合蔬菜

綜合熱炒蔬菜
- 鮭魚鏘鏘燒 ……… 68

綜合西式蔬菜
- 維也納香腸披薩吐司 ……… 96
- 嫩煎咖哩美乃滋鱈魚佐彩蔬 ……… 72

檸檬
- 清爽檸檬雞里肌佐五彩泡菜 ……… 26
- 檸檬油醃肉 ……… 26
- 檸檬雞里肌異國蕎麥麵 ……… 27
- 和風香料異國蕎麥麵 ……… 86

蓮藕
- 中式辣味蓮藕炒培根 ……… 78、90
- 和風味噌蓮藕漢堡排 ……… 56

菇類
- 百菇海苔湯 ……… 84
- 百菇炒魩仔魚 ……… 80
- 百菇牛肉豆腐 ……… 48
- 綜合菇類 ……… 53
- 牛肉百菇豆腐佐溫泉蛋 ……… 94
- 紙包味噌鮭魚百菇 ……… 69
- 紙包味噌鮭魚 ……… 90
- 香菇餃 ……… 97
- 薑汁雞肉丸子湯 ……… 62
- 番茄牛肉燴飯 ……… 47
- 免燉煮滷肉飯 ……… 45
- 番茄牛肉 ……… 46
- 百菇炒豬肉片 ……… 34

蛋

蛋
- 青紫蘇豬五花炒紅蘿蔔絲 ……… 38
- 美味塔塔醬南蠻炸雞 ……… 21
- 美味蝦仁蛋炒飯 ……… 77
- 營養滿分韓式烤肉拌飯 ……… 41
- 打拋飯 ……… 64
- 台式拌麵 ……… 61
- 經典美味牛肉蓋飯 ……… 49
- 照燒雞肉蛋蓋飯 ……… 84
- 韭菜蛋鬆 ……… 97
- 香草嫩炸雞 ……… 22
- 嫩蛋蠔油肉燥蓋飯 ……… 60
- 西式漢堡醃肉 ……… 54

溫泉蛋
- 牛肉百菇豆腐佐溫泉蛋 ……… 94
- 溫泉蛋豬肉蓋飯 ……… 35

水煮蛋
- 水煮蛋鮮蝦沙拉 ……… 75
- 美味塔塔醬南蠻炸雞 ……… 21
- 免燉煮滷肉飯 ……… 45

乳製品

起司
奶油乳酪
甜椒起司柴魚涼拌菜……………………86
奶油乳酪南瓜核桃沙拉…………………92

披薩用起司
維也納香腸披薩吐司……………………96
鱈魚馬鈴薯咖哩起司燒…………………72
起司春川辣炒豬…………………………37

大豆製品

豆腐
嫩豆腐
秋葵涼拌豆腐……………………………84
中式雞肉燥澆汁豆腐……………………63

木綿豆腐
百菇牛肉豆腐……………………………48
牛肉百菇豆腐佐溫泉蛋…………………94

油豆腐
油豆腐炒麻婆味噌肉燥…………………57

加工製品

白菜泡菜
好吃到三兩下吃光光泡菜豬肉炒麵…36
搭配蔬菜一起吃生菜包肉………………43

烤火腿
馬鈴薯炒火腿……………………………79
火腿醋漬菜………………………………92

培根
番茄培根湯………………………………81
中式辣味蓮藕炒培根………………78、90

維也納香腸
維也納香腸披薩吐司……………………96

魩仔魚
百菇炒魩仔魚……………………………80

海苔
百菇海苔湯………………………………84

罐頭

番茄罐頭
維也納香腸披薩吐司……………………96
墨式章魚彩蔬醋漬菜……………………96
番茄醬……………………………………96
番茄牛肉燴飯……………………………47

玉米罐頭
紙包味噌鮭魚百菇………………………69
紙包味噌鮭魚……………………………90

鮪魚罐頭
甜椒鮪魚中式涼拌菜……………………88
青椒炒鮪魚………………………………79

白飯
美味蝦仁蛋炒飯…………………………77
營養滿分韓式烤肉拌飯…………………41
打拋飯……………………………………64
超下飯印度肉末咖哩……………………55
電鍋簡單煮海南雞飯……………………19
經典美味牛肉蓋飯………………………49
番茄牛肉燴飯……………………………47
照燒雞肉蛋蓋飯…………………………84
溫泉蛋豬肉蓋飯…………………………35
免燉煮也好吃的翅小腿咖哩……………32
免燉煮滷肉飯……………………………45
嫩蛋蠔油肉燥蓋飯………………………60

麵

烏龍麵
翅小腿咖哩烏龍麵………………………33

義大利麵
鮭魚菠菜義大利麵………………………67

蕎麥麵
檸檬雞里肌異國蕎麥麵…………………27
和風香料異國蕎麥麵……………………86

中式油麵
台式拌麵…………………………………61
好吃到三兩下吃光光泡菜豬肉炒麵…36

麵包
維也納香腸披薩吐司……………………96

乾貨、堅果
異國雞肉燥冬粉沙拉……………………65
奶油乳酪南瓜核桃沙拉…………………92
香草雞肉沙拉……………………………23

111

taste

T taste 16

冷凍常備肉料理
ぐっち夫婦の下味冷凍で毎日すぐできごはん

作　　　　者	穀匙（Gucci）夫婦　著
攝　　　　影	山川修一
譯　　　　者	蔡麗蓉
封 面 設 計	比比司工作室
內 文 排 版	許貴華
行 銷 企 劃	蔡雨庭・黃安汝
出版一部總編輯	紀欣怡

出　版　者	境好出版事業股份有限公司
業 務 發 行	張世明・林踏欣・林坤蓉・王貞玉
國 際 版 權	劉靜茹
印 務 採 購	曾玉霞
會 計 行 政	李韶婉・許俶瑀・張婕莛
法 律 顧 問	第一國際法律事務所　余淑杏律師
電 子 信 箱	acme@acmebook.com.tw
采 實 官 網	www.acmebook.com.tw
采 實 臉 書	www.facebook.com/acmebook01

I　S　B　N	978-626-7357-22-4
定　　　價	380 元
初 版 一 刷	2024 年 12 月
劃 撥 帳 號	50148859
劃 撥 戶 名	采實文化事業股份有限公司
	104 台北市中山區南京東路二段 95 號 9 樓
	電話：(02)2511-9798
	傳真：(02)2571-3298

國家圖書館出版品預行編目資料

冷凍常備肉料理 / 穀匙 (Gucci) 夫婦著；蔡麗蓉譯 . -- 初版 . -- 臺北市：境好出版事業有限公司出版：采實文化事業股份有限公司發行, 2024.12
112 面；19×26 公分 . -- (taste)
譯自：ぐっち夫婦の下味冷凍で 日すぐできごはん
ISBN 978-626-7357-22-4(平裝)
1.CST: 肉類食譜 2.CST: 烹飪

427.2　　　　　　　　　　　　　　　　　　　　113016801

GUTCHI FUFU NO SHITAAJI REITO DE MAINICHI SUGUDEKI GOHAN
Copyright © Gutchifufu (Tatsuya&SHINO) 2020
Chinese translation rights in complex characters arranged with FUSOSHA PUBLISHING, INC. through Japan UNI Agency, Inc., Tokyo and Keio Cultural Enterprise Co., Ltd.

境好出版　　采實出版集團　　版權所有，未經同意不得
ACME PUBLISHING GROUP　重製、轉載、翻印